软体机器人技术

SOFT
ROBOT
TECHNOLOGY

焦志伟　于源　程祥　编著

化学工业出版社

·北京·

内容简介

软体机器人是由智能柔软材料制造而成，本书全面介绍了软体机器人的特点、驱动原理、主要类型及其应用领域。全书共 9 章，内容涵盖介电弹性体、形状记忆材料、离子聚合物、水凝胶、电/磁流变体及流体等多种致动软体机器人，并探讨了折纸机器人及柔性传感器技术，同时展示了软体机器人在移动、医疗、人机交互等方面的广阔应用前景。

本书内容丰富、结构清晰，能够帮助读者了解软体机器人关键技术及未来发展趋势。本书可供机器人相关专业师生阅读参考，也适合软体机器人领域的科研人员、工程师以及对软体机器人技术感兴趣的读者阅读。

图书在版编目（CIP）数据

软体机器人技术 / 焦志伟，于源，程祥编著 .

北京：化学工业出版社，2025. 2. -- ISBN 978-7-122
-44864-4

Ⅰ. TP24

中国国家版本馆 CIP 数据核字第 20255ZD058 号

责任编辑：曾　越　　　　　　　　文字编辑：张钰卿　王　硕
责任校对：李　爽　　　　　　　　装帧设计：王晓宇

出版发行：化学工业出版社
　　　　　（北京市东城区青年湖南街 13 号　邮政编码 100011）
印　　装：河北延风印务有限公司
710mm×1000mm　1/16　印张 12¾　字数 218 千字
2025 年 4 月北京第 1 版第 1 次印刷

购书咨询：010-64518888　　　　　　售后服务：010-64518899
网　　址：http://www.cip.com.cn

定　　价：89.00 元

前　言

随着科技发展日新月异，人们对机器人的认知越来越深入，机器人也被广泛应用于工业、医疗、商业、救援、侦察等领域，如工业领域的多自由度/多关节的机械手、救援领域的探险搜救机器人以及用于外科的手术机器人等。然而，传统机器人保养费用高、造价高、运动复杂难以控制。此外，在一些新的领域，其特殊的环境及限制条件使传统机器人难以满足要求。近些年来，科研人员将目光投向了软体机器人——一种由智能柔软材料制造而成的机器人，其具有柔顺性、弹性、高阶人机交互的安全性等优点。软体机器人一般由柔软、高弹性的硅橡胶、聚氨酯或水凝胶等高分子复合材料作为其主体材料，可连续变形，大幅度弯曲、扭转和伸缩。软体机器人在理论上具有无限的自由度，可以很轻松地完成传统刚性机器人很难完成甚至无法完成的任务，并且与生物体具有更好的兼容性。

传统刚性机器人往往采用大量传感器及控制器对外界信号进行采集，软体机器人则采用刺激响应性功能材料对光、热、电、磁等外界刺激进行响应。随着传感、驱动、计算、通信、记忆等功能集成在一起的智能软体材料的进一步开发，软体机器人有望发挥物理智能潜力，成为探索自然界物理智能的重要载体和平台。软体机器人多采用柔性材料加工制作，有着更多的自由度，运动更加灵活，而且可以根据周围的环境改变自身形态，在很大程度上弥补了传统刚性机器人的不足。现有的软体机器人已经在移动、医疗、人机交互等方面表现出明显优势。在未来，如何将材料特性与结构设计配合起来，提高软体机器人智能传感等方面需要进一步深入研究。

全书分为9章。第1章主要介绍了软体机器人的组成、特点、分类以及应用。第2章重点介绍了介电弹性体致动软体机器人，包括驱动原理、分类及制备方法、典型的介电弹性体软体机器人及其应用。第3章介绍了形状记忆材料致动软体机器人，并按照形状记忆聚合物、形状记忆合金两种材料分别阐述了致动原理、分类及制备方法、典型致动软体机器人及其应用。第4章介绍了离子聚合物致动软体机器人，从分类、致动原理、制备方法等方面进行了描述，并分别阐述了基于离子液凝胶、离子聚合物-金属复合材料的典型致动软体机器人。第5章重点介绍了水凝胶致动软体机器人，按照响应类型将水凝胶致动器分为热响应致动器、化学响应致动器、光学响应致动器、电响应致动器、磁响应致动器以及液压响应致动器，最后列举了多种典型的水凝胶致动软体机器人及其应用。第 6 章介绍了电/磁流变体致动软体机器人，从致动原理、分类及制备方法、应用等方面分别进行阐述。第 7 章介绍了流体致动软体机器人，流体致动器包括弹性流体致动器、波纹结构软体致动器、折叠软体致动器、纤维约束致动器等，制造方法有浇铸成型、形状沉积、软光刻以及 3D 打印等。第 8 章介绍了折纸机器人，对 Miura-ori 等机构进行概述，再从驱动原理、特点、制造方法以及应用等方面分别进行阐述。第 9 章重点介绍了柔性传感器技术，包括柔性传感器的分类、机理、材料、制备工艺和应用等。

本书是集体智慧的结晶，除了作者焦志伟、于源、程祥外，课题组的王鹏飞、杨卫民、程月、张秀、王皓宇、刘俊丰、吴怀松、金建辉、孙嘉乐、陈薇薇、任金胜、刘兆联、刘昊、林昊等人对本书的编写也作出了贡献，在此一并表示感谢。

由于软体机器人技术在不断发展和完善中，对其功能和性能的要求也会越来越高，很多新思想、新技术在不断涌现并被引入实际应用中，加之编写时间有限，书中难免有疏漏和不妥之处，敬请广大读者批评指正。

编著者

目录

第3章　形状记忆材料致动软体机器人　036

第4章　离子聚合物致动软体机器人　066

第 5 章　水凝胶致动软体机器人　　080

第 6 章　电/磁流变体致动软体机器人　　104

第 7 章　流体致动软体机器人　128

第1章
概述

　　软体机器人，不同于由刚性关节、铰链、电动机等"硬"部件组成的传统机器人，其躯体主要由可以承受较大变形的弹性材料构成，可以连续地变形，具有无限自由度。通过模仿软体动物的运动，这种机器人可以实现蠕动、扭转、爬行、游动等运动形式。例如哈佛大学 George M. Whitesides 研究团队设计的 Pneu-Net 软体机器人，在弹性体内适当设置多个空腔，应用气压驱动软体材料产生大范围变形。该软体机器人身长约 12.7cm，通过充气产生运动，可以穿越障碍，进入狭小空间，如图 1-1 所示。

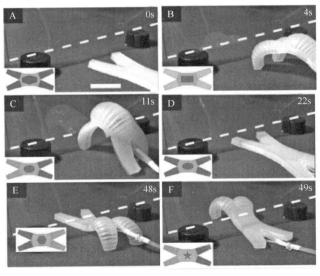

图 1-1

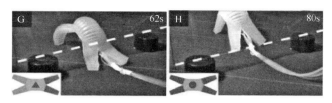

图 1-1　蠕动软体机器人

A 为初始状态；B 为对躯体进行充压；C 为启动腿部向障碍间隙移动；D 为释放压力；

E～G 为通过障碍间隙；H 为准备另一侧运动

每个步骤中启动加压部位显示为▨，不加压部位显示为■，部分加压部位显示为▥

1.1　软体机器人的组成

软体机器人主要由柔性机构、柔性驱动器、柔性执行器、柔性传感器、动力及控制系统组成，如图 1-2 所示。

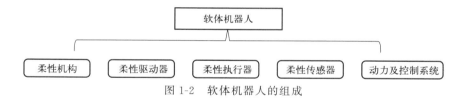

图 1-2　软体机器人的组成

柔性机构是指通过部分或全部具有柔性的构件变形而产生位移、传递力的机构，例如流体静力骨骼结构、气动网格结构、折纸结构等。柔性机构无传统的铰链，能够代替运动副，使柔性相对均匀地分布在整个机构中。

柔性驱动器是指将动力源输入的能量转化为机械能，以此驱动软体机器人运动的机构。不以传统电机驱动连杆的方式来驱动运动或变形，软体机器人的驱动方式有通过介质对本体进行驱动，有直接利用可变形的智能材料进行驱动，还有直接在本体内利用化学反应产生动力进行驱动。相关驱动器及其工作方式如下：

① 气动驱动器——以气体为工作介质对能量进行传动和控制来完成致动，通常由气缸、气阀、空压机等组成；

② 液压驱动器——以液体为工作介质对能量进行传动和控制来完成致动，通常由液缸、伺服阀、泵体等组成；

③ SMA 驱动器——使用形状记忆效应来完成致动（形状记忆效应指材料

在发生塑性变形后，加热到某一温度以上时能够恢复到变形前形状的现象）；

④ EAP 驱动器——将电能转化为机械能来完成致动（电活性聚合物材料对电信号可产生机械变形）；

⑤ 化学驱动器——使用化学反应来完成致动。

柔性执行器是指直接完成抓握工件或执行作业等任务的机构。柔性执行器由柔性材料加工制作而成，相比于刚性执行器，柔性执行器具备柔软、智能和安全等特性。

柔性执行器中通常带有储能元件（如弹簧等弹性元件等，以此达到可变刚度的目的）或耗能元件（如阻尼器、磁流变流体等，以此达到消耗冲击振荡的目的）。在执行过程中，相比于刚性执行器，柔性执行器可以实现由点接触到面接触，接触面积增大、压强减小、摩擦力较大，有着更好的轻薄性、柔韧性和适形性。

柔性传感器是指采用柔性材料制成的传感器，是对具有延展性并可以将外界信号转化为电信号的设备的统称。其柔性主要体现在制造传感器的主体材料具备柔韧、可弯曲、可拉伸和可恢复的特性。柔性传感器一般由基底材料和功能（传感）材料组成。柔性传感器可广泛应用于可穿戴设备、医疗保健、软体机器人和人机交互等新兴领域，因此柔性传感器具有广阔的应用前景。

动力及控制系统是指可以操纵软体机器人进行各种复杂运动的动力源及运动的控制系统。传统机器人主要以电机驱动作为动力来源，而软体机器人的动力源主要有气源、电源以及化学反应释放的能量等，以此进行软体机器人的驱动。因此可以通过气压变化、电压变化以及化学反应速率变化等来驱动软体机器人。其中气源介质来源广、重量轻，因此被广泛应用于软体机器人，其控制系统常使用控制电路进行控制（MATLAB、Arduino 等平台以及电路板进行编程控制），进而通过继电器、气泵、电磁阀等模块来进行传导。

1.2 软体机器人的特点

运动对于自然界生物而言至关重要，如毛毛虫和尺蠖能够爬行在树叶或树枝等自然表面上寻找食物和躲避天敌。设计具有这类运动能力的机器人一直是一个挑战。传统机器人也可以模仿自然界生物的运动，但它们的结构和驱动模式都相对复杂，灵活度以及适应性也很有限。如同自然界生物那样运动的软体机器人一般具有以下特点。

（1）由软质或软质和刚性材料制成

软体机器人一般利用软质或软质和刚性材料制成，其杨氏模量与自然界生物体（如皮肤、肌肉组织）的杨氏模量相当。图 1-3 所示的是使用 M4601 型硅胶制作的软质材料无缆线四足软体机器人。

图 1-3　无缆线四足软体机器人

由一个刚性构架及设置在其中的 8 只软体手臂组成的 OCTOPUS 水下机器人，如图 1-4 所示。

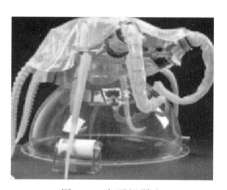

图 1-4　水下机器人

（2）有着灵活性、大变形和连续变形等良好性能

章鱼手爪软体机器人，将 12 根电缆嵌入到硅胶体内部，是一种能连续变形、极具灵活性的软体机器人，能够实现弯曲、延伸和抓取等动作，如图 1-5所示。

（3）在理论上有无限的自由度

软体机器鱼，其身体由硅胶腔室制成的人工肌肉组成，传感器也使用柔性应变传感器，使得该软体机器鱼能够像鱼一样在水下游泳，如图 1-6 所示。

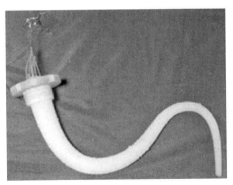
图 1-5　章鱼手爪软体机器人

图 1-6　软体机器鱼

在材料上，软体机器人本体材料是软的，伸缩性很强，能够模仿生物界生物的运动，以及在复杂环境中高效工作，在运动过程中碰撞产生的能量也能随着变形得到很好的释放，这种性能能够实现其连续变形。

在驱动方式和结构上，软体机器人有着不同的驱动方式和运动结构，如流体驱动、化学驱动、SMA 驱动、EAP 驱动、PAM 驱动、EPN 驱动等以及流体静力骨骼结构、气动网格结构、折纸结构等。这些驱动方式以及柔性机构使得软体机器人有着更大的应用前景，如流体驱动在微观上可以构建微流体流道系统以实现复杂微流体的操纵，这将使软体机器人更加集成化和微型化。

综上，软体机器人是传统机器人进一步发展的结果。与由刚性材料组成的传统机器人相比，软体机器人技术采用了低模量或兼容的材料，在许多应用中发挥出优良性能。

软体机器人在不同机械应力的作用下有着变形能力和适应性。例如，通过形状的坍塌变形，软体机器人可以通过狭窄的空间或间隙。同时，软体机器人的柔顺性可以提供一个柔和的冲击效果，避免破坏界面的材料。相比之下，由于挤压力大，刚性机器人会破坏接触界面及其材料，因此软体机器人可以提供一个缓冲效果，可以变形，允许更大的接触面积以及避免应力的集中。此外，由于软体机器人的柔顺性和变形，能量在这个过程中可以存储，在接下来的运动中可以释放出来。

软体机器人采用了柔性机构以及各种驱动方式，在人机交互上更加亲和，与刚性机器人的结构和驱动方式相比，软体机器人变形更大、反应速度更快。随着材料、3D 打印、控制、新能源等多学科的发展，软体机器人的发展在未来将得到更大的进步。

1.3 软体机器人的分类

现有的软体机器人按照运动形态主要分为爬行机器人、游泳机器人、抓取机器人和跳跃机器人等。其中，爬行机器人包括蠕动机器人、弯曲爬行机器人；游泳机器人包括仿生扑翼式软体机器人、波动鳍软体机器鱼、摆尾式软体机器鱼、仿生乌贼和水母等；抓取机器人包括抓持式机器人、电吸附式机器人；跳跃机器人包括单足跳跃机器人、多足跳跃机器人等。按照受控方式可分为点位控制型和连续控制型。按照能量供给方式可分为有缆驱动和无缆驱动。按照驱动方式可以分为基于智能结构、基于智能材料的驱动两大类，如图1-7所示。

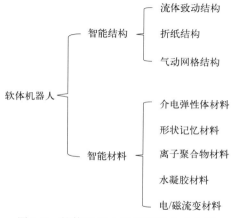

图 1-7 软体机器人按照驱动方式分类

不同于传统刚性机器人大量使用传感器和控制器来感受和响应外界刺激，软体机器人往往采用刺激响应型功能材料对光、热、电、磁等外界刺激进行响应。随着将传感、驱动、计算、通信、记忆等功能集成在一起的智能材料和智能结构被进一步开发，软体机器人有望得到进一步发展。

（1）智能材料

目前人们通常把刺激响应型材料作为智能材料的同义词，刺激响应型材料能够感知、响应外部刺激（如光、电流、力等）而改变其属性（如形状、颜色、刚度等），包括介电弹性体、水凝胶、形状记忆聚合物、液晶弹性体、离子聚合物材料、电/磁弹性材料等。智能材料的加入不仅可以产生驱动，还可以承担感知环境和处理相关信息的任务；通过在材料中引入自愈能力，可以帮助软体机器人在部分受损和发生物理故障时自主恢复。例如，采用磁弹性材料研制了一种可在充满液体的受限空间中进行自适应多模态运动的微型软体机器人，其可以通过外部磁驱动进行主动变形，在滚动、波动爬行、波动游泳和螺旋表面爬行等多种模式间切换，实现在充满液体的受限空间中灵活运动，如图 1-8 所示。

磁场

通过改变磁场来改变运动模式

图 1-8　磁弹性材料制作的微型软体机器人

（2）智能结构

软体动物的结构和运动形式为软体机器人的设计提供了很好的参考，智能结构对于提高基于软体材料的智能系统的系统复杂性和功能多样性至关重要。智能结构具有非传统和可编程的力学性能，以形态和功能自适应的方式对环境变化做出响应。智能结构包括流体致动结构、气动网格结构、折纸结构等。例如，采用流体静力骨骼结构制作的仿生蚯蚓机器人，其通过肌肉的收缩产生前进波实现向前运动，仿生蚯蚓机器人如图 1-9 所示。

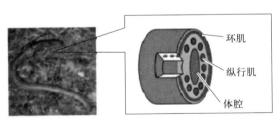

环肌

纵行肌

体腔

图 1-9　仿生蚯蚓机器人

1.4　软体机器人的应用

随着机器人运用领域继续扩大，工业生产、医疗保健、复杂地形勘探等特殊领域对机器人提出了更加严苛的要求，能够适应非结构化环境的特殊机器人成了科学界研究的热点方向。

在工业生产上，国际机器人联合会发布的报告显示：现有工业只解决了 3%～4% 的规则、刚性物品的搬运问题，剩余 96% 的柔性、异形、易损物品仍需要依靠人工搬运。软体机器人可以替代工人的手，进行优化拣选放置、包装棘手物品等；可代替现有工业生产线上广泛应用的刚性机械手完成更为复杂的抓持、移动作业，进一步提高自动化程度，如图1-10所示。

图 1-10　保温杯生产线

在医疗保障上，软体机器人柔软的机体可以更加高效、安全地与人进行交互，在不同环境中灵活地运动。因此，软体机器人可以设计为穿戴设备，帮助特殊人群完成生理活动，如图1-11所示；也可以设计为各种微创外科手术的机械臂，软体机器人柔软的材质可以使手术对人体器官组织的伤害降到最低，如图1-12所示。

图 1-11　软体机器人手套

图 1-12　外科手术机器人手臂

在勘探调查上，软体机器人能够利用自身的柔软、弯曲程度高、自由度大等优势适应复杂环境，承担起在恶劣环境中勘探、救援、侦察等工作。软体机器人可以通过爬行、跳跃、游泳等方式完成任务，并可安装摄像头等完成相应的勘探救援任务，如图1-13所示。

图 1-13　Vine-Link 机器人

参 考 文 献

［1］　王永青，邓建辉，李特，等. 软体机器人3D打印制造技术研究综述［J］. 机械工程学报，2021，
　　　57（15）：186-198.

［2］　Wehner M，Truby R L，Fitzgerald D J，et al. An integrated design and fabrication strategy for
　　　entirely soft，autonomous robots［J］. Nature，2016，536（7617）：451-455.

［3］　Lin H T，Leisk G G，Trimmer B. GoQBot：a caterpillar-inspired soft-bodied rolling robot［J］.
　　　Bioinspiration & Biomimetics，2011，6（2）：026007.

［4］　付宜利，李显凌，梁兆光. 基于形状记忆合金的自主导管导向机器人设计［J］. 机械工程学报，
　　　2008，（09）：76-82.

［5］　Xie Z X，Domel A G，An N，et al. Octopus arm-inspired tapered soft actuators with suckers for
　　　improved grasping［J］. Soft Robotics，2020，7（5）：639-648.

［6］　Shen Z Q，Chen F F，Zhu X Y，et al. Stimuli-responsive functional materials for soft robotics
　　　［J］. Journal of materials chemistry B，2020，8（39）：8972-8991.

［7］　McEvoy M A，Correll N. Materials that couple sensing，actuation，computation，and communication［J］.
　　　Science，2015，347（6228）：1261689.

［8］　Shepherd R F，Ilievski F，Choi W，et al. From the cover：multigait soft robot［J］. Proceedings
　　　of the National Academy of Sciences of the United States of America，2011，108（51）：20400.

［9］　Tolley M T，Shepherd R F，Mosadegh B，et al. A resilient，untethered soft robot［J］. Soft
　　　Robotics，2014，1（3）：213-223.

［10］　Cianchetti M，Calisti M，Margheri L，et al. Bioinspired locomotion and grasping in water：the
　　　soft eight-arm OCTOPUS robot［J］. Bioinspiration & Biomimetics，2015，10（3）：035003.

［11］　Renda F，Giorelli M，Calisti M，et al. Dynamic model of a multibending soft robot arm driven by cables [J]. IEEE Transactions on Robotics, 2014, 30 (5): 1109-1122.

[12] Rus D, Tolley M T. Design, fabrication and control of soft robots [J]. Nature, 2015, 521 (7553): 467-475.

[13] 尤小丹, 宋小波, 陈峰. 软体机器人的分类与加工制造研究 [J]. 自动化仪表, 2014, 35 (08): 5-9.

[14] Kaspar C, Ravoo B J, van der Wiel W G, et al. The rise of intelligent matter [J]. Nature, 2021, 594: 345-355.

[15] McCracken J M, Donovan B R, White T J. Materials as machines [J]. Advanced Materials, 2020, 32: 1906564.

[16] Ren Z Y, Zhang R J, Soon R H, et al. Soft-bodied adaptive multimodal locomotion strategies in fluid-filled confined spaces [J]. Science Advances, 2021, 7: eabh2022.

[17] Lee H, Jang Y, Choe J K, et al. 3D-printed programmable tensegrity for soft robotics [J]. Science Robotics, 2020, 5: eaay9024.

[18] Seok S, Onal C D, Cho K J, et al. Meshworm: a peristaltic soft robot with antagonistic nickel titanium coil actuators [J]. IEEE/ASME Transactions on Mechatronics, 2012, 18 (5): 1485-1497.

[19] Polygerinos P, Wang Z, Galloway K C, et al. Soft robotic glove for combined assistance and at-home rehabilitation [J]. Robotics and Autonomous Systems, 2015, 73: 135-143.

[20] Justus K, Saurabh S, Bruchez M, et al. Integrating synthetic cells and flexible electronics for the control of bio-opto-fluidic materials [J]. Biophysical Journal, 2014, 106 (2): 617a-618a.

[21] Hawkes E W, Blumenschein L H, Greer J D, et al. A soft robot that navigates its environment through growth [J]. Science Robotics, 2017, 2 (8): 3028.

第2章
介电弹性体致动软体机器人

介电弹性体（dielectric elastomers，DE）是具有高介电常数的弹性体材料，可在外部电流刺激下改变形状或体积，当消除外部电流刺激后又可以回复到原始形状或体积，通过体积的变化产生应力和应变，最终实现电能到机械能的转变。同时，介电弹性体也是一种新型的智能材料，有很高的机电转换效率，并且具有易成形、价格低、重量轻、运动灵活和不易疲劳损坏等优点。因此，自20世纪90年代以来，介电弹性体吸引了国内外众多学者的关注，在航空航天、医疗卫生和机器人等方面开展了相关的实验研究，图2-1为介电弹性体致动软体机器人的发展历程。

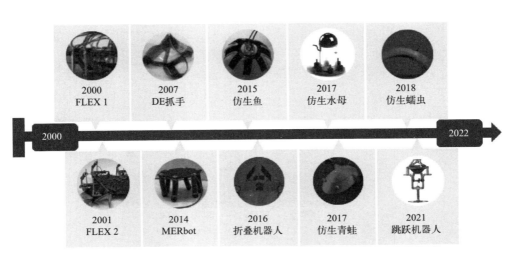

图 2-1　介电弹性体致动软体机器人发展历程

2.1 介电弹性体驱动原理

2.1.1 介电弹性体变形原理

当在介电弹性体薄膜的两侧铺设柔性电极［图 2-2(a)］，并在两个电极之间施加电压时，上下电极上产生的相反电荷会相互吸引，从而产生静电力（麦克斯韦力）。静电力作用在介电弹性体上下表面上并对其进行挤压。由于该弹性体具有不可压缩性，其体积保持不变，在挤压时会使得薄膜在厚度方向发生压缩变薄，而在平面方向上发生扩张，如图 2-2(b) 所示。当撤去电压后，静电力也随之消失，介电弹性体薄膜又回复到初始形状。其变形过程可以表示为：通电→平面扩张→断电→形状回复。在这个过程中可以实现电能到机械能的转换，从而对外做功。在介电弹性体的变形过程中，可以将介电弹性体驱动器视为电容器：中间层是介电弹性体，上层和下层是柔性电极。当上下电极通电时，介电弹性体处于电场中并发生变形。同时，两极的柔性电极也随着介电弹性体的变形而变形，并保持其导电性，使介电弹性体始终处于电场之中。介电弹性体在电场中的变形主要是由两个柔性电极上的静电荷相互作用所产生的应力引起的，该应力有两个主要部分：压应力和平面应力，如图 2-3 所示。

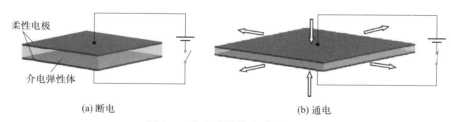

(a) 断电　　　　　　　　　　　　　　　　(b) 通电

图 2-2　介电弹性体变形原理图

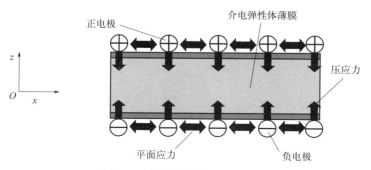

图 2-3　介电弹性体变形应力图

结合压应力和平面应力的变形效果，可以通过一个等效 Maxwell（麦克斯韦）应力 σ_z 来表示：

$$\sigma_z = \xi_0 \xi_r \left(\frac{U}{t}\right)^2 \tag{2-1}$$

式中，ξ_r 为介电弹性体材料的相对介电常数；ξ_0 为真空介电常数；U 为施加电压；t 为介电弹性体的厚度。

作为新一代的电活性聚合物，介电弹性体可以表现出对电刺激足够强的物理响应特性，具有应变大、响应速度快和效率高的特性，并且可以用作新型执行器的驱动材料。与传统的驱动技术相比，介电弹性体有更好的性能和更低的成本，这对软体机器人的发展具有重要的作用。

2.1.2 介电弹性体驱动器工作原理

介电弹性体驱动器（DEA）的工作原理如图 2-4 所示。通电前，弹簧施加的预载荷与介电弹性体中的回复力平衡并稳定在初始状态。通电时，介电弹性体会受到静电力，厚度变薄，面积增加，从而导致刚度降低。此时，预载荷大于介电弹性体中的回复力，使驱动器产生相对位移。在断电之后，介电弹性体的刚度增加。由于介电弹性体中的回复力大于预载荷，驱动器产生反向相对位移并返回到初始位移。因此，驱动器可以通过往复通电和断电来产生往复线性位移并对外做功。

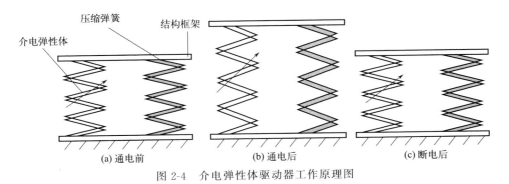

(a) 通电前　　　　　　　(b) 通电后　　　　　　　(c) 断电后

图 2-4　介电弹性体驱动器工作原理图

介电弹性体驱动器的工作过程可以分为四个过程，如图 2-5 所示。

① 点 1 到点 2 为介电弹性体刚度下降过程。通电前，介电弹性体刚度曲线 $f_t(y)$ 与预载荷-位移曲线 $f_p(y)$ 的相互平衡点在点 1 位置。通电后，在静电力的作用下，介电弹性体刚度曲线下降，得到曲线 $f_s(y)$，此时其回复力也会下降（点 2），使得 $f_p(y)$ 和 $f_s(y)$ 之间的力差为 ΔF_1。

② 点 2 到点 3 为驱动器位移输出过程。驱动器保持通电状态，介电弹性体回复力小于预载荷，在力差 ΔF_1 作用下，驱动器产生由 y_1 到 y_2 的相对位移。当介电弹性体回复力与预载荷再次相互平衡时，则驱动器达到新的平衡点（点 3）。

③ 点 3 到点 4 为介电弹性体刚度上升过程。驱动器断电时，介电弹性体所受到的静电力作用突然消失，介电弹性体刚度曲线变为曲线 $f_t(y)$，其回复力突然增大（点 4），使得曲线 $f_p(y)$ 和曲线 $f_t(y)$ 之间产生力差 ΔF_2。

④ 点 4 到点 1 为驱动器位移反向输出过程。驱动器保持断电状态，介电弹性体回复力大于预载荷，在力差 ΔF_2 作用下，驱动器产生由 y_2 到 y_1 的反向位移。当介电弹性体回复力与预载荷达到相互平衡时，则驱动器回到初始平衡位置（点 1）。

由上述驱动器的工作过程可知：在通电与断电时，驱动器存在两条不同的刚度曲线，分别为曲线 $f_t(y)$ 和曲线 $f_s(y)$，点 1、3 分别是驱动器的两个工作平衡点。因此介电弹性体驱动器就是利用通、断电时介电弹性体刚度不同，并与预载荷曲线进行相互平衡的原理进行工作的，以达到向外输出位移和力的功能。由 1、2、3、4 四个点所围成的面积就是在一个工作过程中驱动器所做的功。如果要获得较大的输出位移，则应尽可能扩大两个平衡点（点 1 与点 3）之间的距离，且能增大驱动器的输出功。

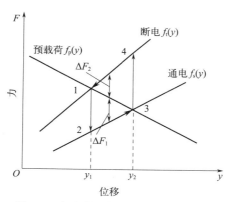

图 2-5　介电弹性体驱动器工作过程图

2.2　介电弹性体分类及制备方法

目前常用的介电弹性体材料有硅橡胶、硅树脂、聚氨酯、丁腈橡胶、丙烯酸、天然橡胶、亚乙烯基氟化三氟乙烯及其复合材料。

2.2.1 硅橡胶及其复合材料

硅橡胶具有较好的弹性性能、应变响应速度，能够在较高温度下维持模量恒定，与填料形成复合材料后的电性能和力学性能发生改变，是制备介电弹性体常用的基质之一。可通过配方改进与工艺创新来提高硅橡胶介电弹性体的性能。例如：使用偶极硅氧烷共聚物合成新型高介电常数弹性体，在保持介电击穿强度不变的前提下，随着硝基苯官能共聚物中硝基苯质量分数在一定范围内的增长，介电常数、介电损耗和刚度随之增大。

2.2.2 聚氨酯及其复合材料

以聚氨酯为基体，通过添加石墨烯、碳纳米球等可制备得到性能较好的介电弹性体。例如：采用聚甲基丙烯酸甲酯官能化的石墨烯-聚氨酯（MG-PU）合成介电弹性体复合材料，不同质量分数 MG 制备薄膜频率范围为 40Hz～110kHz，随着频率的增加，MG-PU 的介电常数减少、介电损耗增加。如 MG 质量分数为 1.50％的 MG-PU 薄膜相对介电常数为 28.21、电场诱导应变为 32.8％、断裂伸长率为 440％、杨氏模量为 39.3MPa、介电损耗为 4.68（在 1kHz 时）。制备方法：采用 ATRP 技术将氧化石墨烯制备成 MG，使用有序介孔碳（OMC）制备聚氨酯。

2.2.3 丙烯酸类弹性体

丙烯酸类弹性体是目前应用较为广泛的一类介电弹性体，其中较为典型的是美国 3M 公司生产的 VHB4910，其特点是 $960kg/m^3$ 的低质量密度、$-10～90℃$ 的可操作温度范围、高黏弹性且有不同厚度和长度类型，具有较好的相容性，常用于加工多种驱动器设备和发电机等。

2.3 典型介电弹性体软体机器人

随着科学技术的不断发展，机器人在社会生产活动中的地位越来越重要。传统刚性机器人通常由金属、陶瓷、硬塑料等硬质材料制成，因此具有柔韧性较差、适应性不足等缺点。随着人们对机器人技术的需求不断提高，传统刚性机器人开始变得难以满足日常生产和生活的需求。为了弥补传统刚性机器人的不足，研究人员开始对 DE 型软体机器人进行研究。相较于传统刚性机器人，

DE 型软体机器人具有柔性高、相容性好、结构简单、环境适应性好等特点，根据其运动场景大致可分为四类：平面爬行机器人、跳跃机器人、水下机器人和飞行机器人。

2.3.1　平面爬行机器人

平面爬行机器人根据足部的结构不同，可分为腿式机器人、单向摩擦式机器人和静电吸附式机器人。

（1）腿式机器人

FLEX 1 是世界上第一个由介电弹性体驱动器驱动的腿式软体机器人，如图 2-6 所示。FLEX 1 的动力源是一种电池供电设备，包括电压转换器和控制器，FLEX 1 的每条腿有两个自由度，即上/下和前进/后退。虽然 FLEX 1 是腿式机器人的一个里程碑，但是它的运动速度太慢，难以满足正常使用的要求。导致 FLEX 1 速度太慢的原因是：虽然 FLEX 1 具有足够的电力来快速运行，但是简化的驱动装置浪费了 90% 的功率；此外，即使完全解决了电源问题，FLEX 1 使用的驱动器本身也很慢，并且容易出现故障和使用寿命的问题。

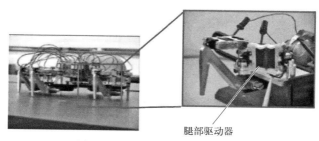

腿部驱动器

图 2-6　腿式软体机器人 FLEX 1

为了解决 FLEX 1 的局限性，研究团队设计了第二代腿式软体机器人 FLEX 2，具体结构如图 2-7 所示。为了解决 FLEX 1 的动力问题，研究团队在 FLEX 2 上使用了动力更强大的滚动驱动器替代了之前的驱动器。通过使用滚动驱动器，腿式软体机器人的速度从几毫米每秒提高到了 3.5cm/s，并且使用寿命和质量也得到了明显的改善。此外，研究团队正在研究通过优化腿部和驱动器的机械杠杆作用，以及调整三脚架运动的时机，进一步提高 FLEX 2 的速度。不管这些未来的改进如何，FLEX 1 和 FLEX 2 都是聚合物驱动机器人中的里程碑。尽管在提高速度、障碍物清除和集成方面还有许多工作要做，但是 FLEX 1 和 FLEX 2 展示了使用介电弹性体设计腿式软体机器人的基本可行性。

图 2-7　腿式软体机器人 FLEX 2

在 FLEX 1 和 FLEX 2 后，Li 等人通过将高度预紧的介电弹性体薄膜滚附到中央压缩弹簧上，制作出一种结合了承重、驱动和感应的多功能卷筒型介电弹性体（MER）。这种卷筒型介电弹性体结构紧凑，可以配置多种驱动方式，进行轴向延伸和弯曲，因此可以用于制作多自由度驱动器。图 2-8 所示的是使用卷筒型介电弹性体驱动器制作的腿式软体机器人 MERbot。MERbot 是一种结构简单的腿式软体机器人，采用三脚支撑、三脚迈进的步态交替向前实现运动效果，最大速度可达 136mm/s。

图 2-8　腿式软体机器人 MERbot

（2）单向摩擦式机器人

单向摩擦式机器人一般使用棘轮、毛刷、倒钩等实现单向摩擦的效果。图 2-9 所示的是一种通过倒钩实现单向摩擦效果的软体机器人。该机器人的肌肉由四个介电弹性体预拉伸膜组成［图 2-9(a)］，其中两个膜用作保护层，另外两个膜涂有电极，并且分布在左右两侧作为左右肌肉。机器人的主体由另一种更硬的弹性体制成，前脚和后脚是三根刺入身体的倒钩［图 2-9（e）］。三个倒钩指向机器人的后退方向，为机器人向前运动提供摩擦力。

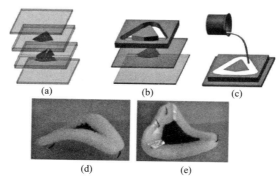

图 2-9　倒钩式单向摩擦机器人

倒钩式单向摩擦机器人在左右肌肉同时被驱动时会向两侧延伸，在后脚倒钩的作用下机器人不会后滑，只会向前运动。施加在机器人身上的驱动电压撤销后，机器人会恢复到初始状态，在前脚倒钩的作用下机器人不会后滑，会拖动机器人后脚向前运动。至此，机器人完成了一个运动周期，如图 2-10 所示。机器人在左右肌肉同时以 9kV 和 16Hz 驱动的情况下将达到最大速度 161mm/s，即每秒 4 个身体长度。当仅在左肌肉或右肌肉上施加电压时，机器人会扭动身体，从而相应地向右或向左转弯，转弯半径约 160mm。

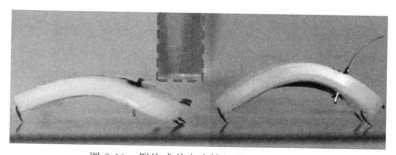

图 2-10　倒钩式单向摩擦机器人运动情况

图 2-11 所示的是一种由 DE 驱动的毛刷式足部结构软体机器人，该软体机器人利用毛刷的单向摩擦特性来实现其有效的运动。在实验过程中通过比较不同倾角的树脂材料毛刷和金属材料毛刷的摩擦系数，发现金属材料毛刷的摩擦系数高于树脂材料毛刷的，在没有负载的情况下机器人的最大速度约为 47mm/s。该研究对单向摩擦软体机器人足部的精确设计具有一定的参考意义。

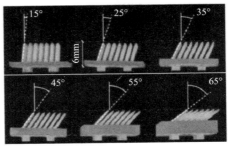

图 2-11　毛刷式足部结构软体机器人

图 2-12 所示的是由可折叠 DE 驱动器驱动的两种软体移动机器人。该软体机器人由两对刚性轮、两个可折叠的 DE 驱动器以及两个将 DE 驱动器和车轮轴连接起来的悬臂支撑杆组成。第一类软体移动机器人的可折叠的 DE 驱动器由顶部的有源膜片和底部的无源膜片组成，在顶部的有源膜片通电后会带动底部的无源膜片产生变形，使得整个软体移动机器人产生变形，通过与采用棘轮结构的前后轮相配合，使得机器人能够向前单向运动。第二类软体移动机器人是将底部的无源膜片用弹性弹簧代替，通过实验发现，用弹性弹簧代替的软体移动机器人相较于前者有更好的运动性能。

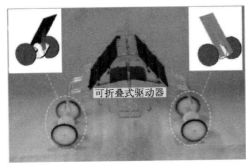

可折叠式驱动器

图 2-12　采用棘轮结构的软体移动机器人

图 2-13 所示的是一种采用各向异性摩擦力来实现单向运动的软体机器人的原理图。该机器人由三个主要部分组成：尾部、身体和头部。身体是在水平方向上通过收缩驱动的弯曲驱动器，尾部和头部提供各向异性的摩擦力以向前牵引。其中，尾部嵌入了倾斜的尖端，以使向前摩擦力 f_{1+} 大于向后摩擦力 f_{1-}。通过调节头部负载可以使头部摩擦力的大小介于尾部的向前摩擦力和向后摩擦力之间（即 $f_{1+} > f_{2+} = f_{2-} > f_{1-}$）。当弯曲驱动器连接电源时，身体弯曲形成弧形，从而导致尾部和头部之间的距离减小，并在尾部和头部产生相

等的横向力 F_{B+} 和 F_{B-}。由于头部的摩擦较大，所以头部保持静止，尾部向前移动。施加在机器人身上的驱动电压撤销后，机器人会恢复到初始状态。在恢复初始状态的过程中，身体分别在尾部和头部上施加相等的弹力 F_{B-} 和 F_{B+}。由于尾部可以提供比头部更大的摩擦力，因此尾部保留在原位，头部向前移动，至此机器人完成一次运动周期。在每个循环中，机器人都会移动大约 3.8mm。在 0.3Hz 的驱动频率下，机器人的平均速度为 1.1mm/s，对应于每分钟 1.3 个体长的特定速度，具体情况如图 2-14 所示。

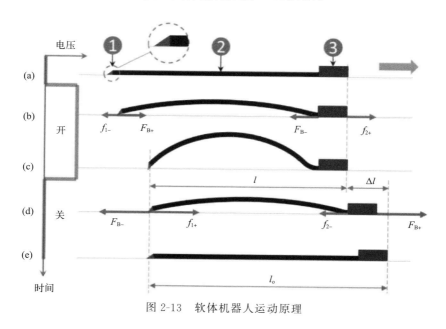

图 2-13　软体机器人运动原理

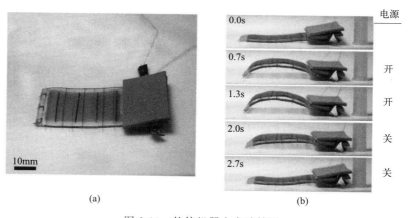

图 2-14　软体机器人实验情况

(3) 静电吸附式机器人

图 2-15 所示的是一种基于介电弹性体驱动的软体机器人。该机器人主体是经过预拉伸的介电弹性体,前脚和后脚是两个静电吸附脚垫,该脚垫可以在通电的情况下吸附住地面。机器人的运动与尺蠖类似,在前半个周期中,主体和后脚通电,前脚不通电,机器人会在后脚附着于地面的同时向前展开,这使得机器人的前脚向前迈出了一步。在后半个周期中,主体和后脚失去电压驱动,而前脚通电,机器人在收缩的同时后脚向前移动。至此,软体机器人完成一整个运动周期。显然,通过反转操作顺序,机器人可以朝相反的方向运动。通过调节驱动器和吸附脚垫的控制时序,机器人可以在水平面实现稳定的爬行,平均速度约为 3mm/s。

图 2-15　无线自主驱动软体爬行机器人

爬壁机器人是平面爬行机器人的特例。爬壁机器人利用静电吸附脚垫产生的吸附力进行吸附,以使机器人能够在水平、倾斜甚至垂直的壁面上实现稳定的爬行运动。图 2-16 所示的是一种基于 DE 驱动器开发的多功能软体爬壁机器人。该机器人可以在各种基底上平稳地爬升,例如水平、倾斜、垂直的木材、纸板和玻璃,并且可以在水平面上实现多种运动,例如爬行、转弯等。实验表明,爬壁机器人在水平面上的最大爬行速度为 88.46mm/s,在垂直壁面上其最大攀爬速度为 63.43mm/s,转向速度为 62.79(°)/s。此外,该机器人可以携带重物、微型摄像机等进行隧道探测,类似的静电吸附原理在工业机器人中也有所应用。

虽然近年来针对软体爬行机器人的研究有很多,但软体爬行机器人在实际生活中的应用并不多。腿式软体爬行机器人移动速度慢,结构比较复杂;单向

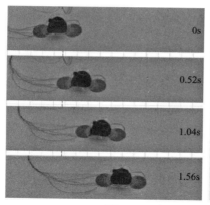

图 2-16 介电弹性体驱动软体爬壁机器人

摩擦式由于其设计和制造简单、控制方便等特点被广泛应用于软体机器人中，但目前这种类型的机器人的互换性和稳定性较差；静电吸附式软体机器人是当前研究的热点，它具有适应性广、可靠性强的特点，但仍然具有不能快速解除吸附的缺点。因此，针对上述软体机器人的缺点还需要进行更加深入的研究。

2.3.2 水下机器人

水下机器人在海洋生物研究和勘测中具有重要的应用价值。根据运动形式，水下机器人可分为摆动式机器人、浮动式机器人和反推式机器人。与平面爬行机器人相比，水下机器人的设计和制造要复杂得多。首先必须考虑机器人的气密性以及保证高压组件和导线与周围环境的绝缘。另外，水的阻力高于空气阻力，因此需要设计出能够减小阻力的机器人结构。

（1）反推式机器人

反推式驱动方法在仿生水下机器人中具有广泛的应用，通过使用反推式DE驱动器，可以设计出仿生乌贼软体机器人。仿生乌贼软体机器人的驱动器由 DE 膜、腔室、磁体等组成，如图 2-17 所示。当 DE 膜由电压驱动时，机器人空腔会吸水，当 DE 膜去除电压后，DE 膜将腔室内的水像乌贼一样喷出，从而产生推力来驱动机器人。该仿生乌贼软体机器人将电源、控制电路和无线接收器集成到机器人体内，可以实现远程控制。实验表明，该机器人的最大游泳速度为 21mm/s，但无法实现转向。

图 2-18 所示的是两种结构简单的仿生水下机器人，左边是仿生鱼机器人，右边是仿生水母机器人。机器人的主体由几层柔软的有机硅组成，它们的 DE 驱动器由两个电极和夹在电极之间的介电弹性体膜组成，在电极之间施加电压

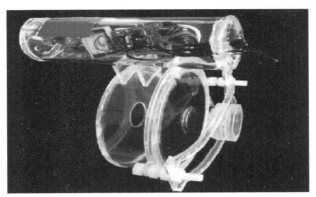

图 2-17 反推式仿生乌贼机器人

会产生有吸引力的静电力来挤压 DE 膜，从而导致 DE 膜的厚度减小与面积扩大。该机器人的零件大体分为两种类型，一种是 DEA 电极重叠的有源部分，另一种是没有电极的无源部分。有源部分通过 DEA 带动无源部分运动，无源部分由于存在对周围水的反作用力而产生推力。在机器人中，有源和无源部分分别对应于鱼机器人中的身体和尾巴，以及水母机器人中的触手和鳍，通过无源部件的变形来产生推力的这一原理被广泛用于现有的仿生水下机器人中。

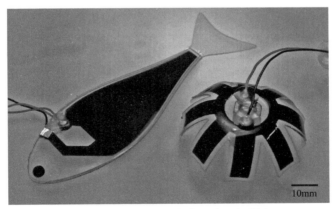

图 2-18 水下仿生鱼与仿生水母机器人

(2) 摆动式机器人

图 2-19 所示的是一种仿生青蛙软体机器人。该机器人的介电弹性体驱动器由两部分组成，其中一部分模仿青蛙的腿，另一部分模仿青蛙的蹼状脚。主体由聚乳酸（PLA）制成，其形状设计成流线型，以减小运动时的阻力。在施加电压后，腿部驱动器进行旋转运动，该旋转运动将水向后推动以产生向前

运动的推力。受青蛙蹼状脚的启发，设计的驱动器在承受高压时的有效摆动面积增加了 60%以上，使推进阶段产生的推力大于恢复阶段产生的阻力。

仿生青蛙软体机器人的游泳实验在水箱中进行。图 2-20 演示了在一个游泳周期中使用 5kV、0.25Hz 的方波电压时青蛙式软体机器人的运动情况。腿部驱动器的旋转运动将水向后推动，脚伸开，使身体向前运动，测得运动的平均速度为 19mm/s。值得注意的是，两个执行器的质量为 14g，仅占其总质量 108g 的 13%。

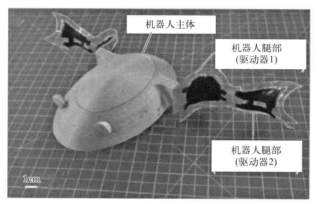

图 2-19　仿生青蛙软体机器人

图 2-20　仿生青蛙软体机器人运动情况

（3）浮动式机器人

图 2-21 所示的是一种浮动式软体机器人，通过驱动介电弹性体膜的膨胀和收缩来控制其上下浮动，由介电弹性体组成并充满空气的气室可提供浮力以保持机器人的平衡。浮动式软体机器人由在 DE 膜片施加的电压驱动，该电压可调节机器人的压力、总体积和浮力。除了能够无线移动外，该浮动式软体机器人还具有持久耐用、低噪声和控制精确等特点。

图 2-22 所示的是一种仿生水母软体机器人，该机器人主要由钟形罩、由钟形罩形成的腔室和介电弹性体薄膜驱动器组成。腔室的一端设有带有阀门的

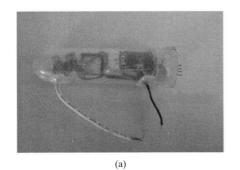
(a)

(b)

图 2-21　人造浮动式软体机器人

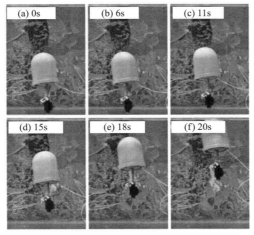

图 2-22　仿生水母软体机器人

通路，该阀门可泵入空气，而另一端则覆盖有介电弹性体膜。空气被泵入腔室，直到达到特定压力为止，然后关闭阀，以使腔室内的空气量固定。当介电弹性体薄膜驱动器受到电压作用时，薄膜膨胀，腔室体积增加，作用在机器人上的浮力会增加，从而使机器人向上运动。初步研究表明，基于介电弹性体技术的软体机器人可以在水中有效移动并且表现出快速响应和高负载能力。

2.3.3　飞行机器人

　　设计出具有高功率密度、高鲁棒性和长寿命的软体驱动器是设计飞行机器人的先决条件。图 2-23 所示的是一种微型飞行机器人，该机器人由多层 DE 组成的圆形驱动器驱动，可以感知周围的障碍物，承受一定量的碰撞，具有很强的鲁棒性。机器人的单个驱动器和扑翼结构的质量分别为 100mg 和 115mg，功率密度高达 600W/kg，满足了软体飞行机器人小型化和高功率密度的要求。实验结果表明，该机器人可以分别在开环和闭环控制下实现上升飞行和悬停动作。此外，研究人员还设计了一种对抗式可折叠的 DE 驱动器，该驱动器可以为小型飞机提供良好的控制和稳定的运动能力，这为 DE 材料在飞行机器人中的应用提供了参考。

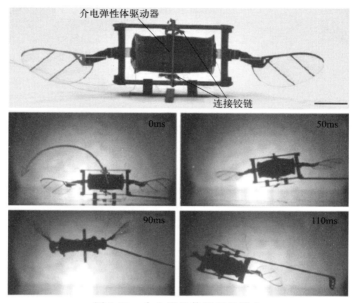

图 2-23　介电弹性体飞行机器人

2.4　介电弹性体软体机器人的应用

软体机器人多是由形状记忆聚合物（shape memory polymer，SMP）、水凝胶、介电弹性体材料等柔性材料制成，具有柔顺性高、相容性好、结构简单、环境适应性好等特点，在人工肌肉、软体机器人抓手、航空航天等领域具有广阔的应用前景。

2.4.1　人工肌肉

（1）人工肌肉的设计与制作

人工肌肉是一种驱动器，可以通过电磁、热能或化学能产生类似于天然肌肉的运动。天然肌肉可以通过产生 $80N/cm^2$ 的力和 200% 的应变来举起或支撑重物，并且具有 250Hz 的应变频率以快速响应外部刺激。此外，天然肌肉具有较高的可控性，并且由软组织组成，因此可以精确移动并吸收振动。目前科学家研究出多种人工肌肉来模拟天然肌肉的高性能。其中，DEA 作为下一代人工肌肉技术备受关注，因为 DEA 能产生较大的机械变形，响应速度快且柔软。

天然肌肉是一种线性驱动器，可以产生很大的拉力。然而，DEA 由于受到介电击穿和饱和的限制而具有施加应力的极限。为了解决该问题，相关研究人员通过使用多层构造来增加 DEA 产生应变的能力。此外，由于 DEA 基本上是通过体积的扩展和收缩来运动的，因此按构造可分为使用 DE 材料厚度减小的收缩类型和面积增加的膨胀类型。

（2）线性收缩 DEA

线性收缩 DEA 可以通过堆叠多个电极和弹性体来制造多层堆叠驱动器，以增加麦克斯韦应力，从而提高其性能，如图 2-24（a）所示。研究表明，通过驱动 100 层以上的 DEA 可以获得超过 100% 的应变。频率响应测试证实多层堆叠驱动器具有大约 200Hz 的谐振频率。但是随着层数的增加，制造会变得更加困难。为了解决这个问题，研究人员提出两种新型驱动器：螺旋驱动器和折叠驱动器。

螺旋驱动器的结构是在两个相同螺距的螺旋弹性体之间插入柔性电极。由于麦克斯韦应力的作用，轴向电极对在径向方向上膨胀，从而在轴向方向上产生收缩应变，如图 2-24（b）所示。由于弹性体数量的减少，螺旋驱动器构造比多层堆叠驱动器构造要更加简洁，但对弹性体厚度要求较高。

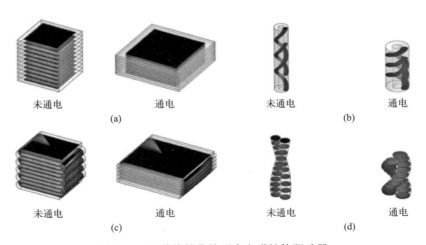

图 2-24　四种线性收缩型介电弹性体驱动器

折叠驱动器类似于多层堆叠驱动器，但是通过多次折叠单个 DEA 可以有效降低制造时间和复杂性，如图 2-24(c) 所示。除了螺旋驱动器和折叠驱动器配置外，还有一个扭曲驱动器，它是从多层堆叠驱动器修改而来的，如图 2-24(d) 所示。扭曲驱动器通过扭转两个圆柱形的多层堆叠驱动器来实现此配置。当螺旋角改变时，两个螺旋驱动器收缩以产生应变。这种驱动器相较于多层堆叠驱动器，受到外力时更加稳定。

（3）线性膨胀 DEA

线性膨胀 DEA 包括圆锥驱动器、管状驱动器和滚动驱动器。其中圆锥驱动器的结构是将 DE 材料插入到刚性框架的内部，并通过预加载进行延伸，如图 2-25(a) 所示。与其他构造相比，该驱动器可以使用预加载的能量，因此具有能量密度相对较大的优点。圆锥驱动器根据其形状可以分为单圆锥驱动器和双圆锥驱动器。对于单圆锥驱动器，可以在中心使用压缩弹簧进行预加载。双圆锥驱动器由两个对角锥驱动器组成，能够进行垂直运动、旋转运动和横向运动。

管状驱动器由 DE 管组成，其内部和外部均覆盖有电极，如图 2-25(b) 所示，通过沿径向收缩，驱动器会线性膨胀。由于管状驱动器在径向上仅有一层介电弹性体，其很难获得较大麦克斯韦应力。因此，可以使用多层驱动器来增加应力和应变。另外，通过使用子结构可以保持 DE 材料的预应变，并改善其性能。代表例子就是在芯部带有压缩弹簧的管状驱动器，在 7.5kV 时可以产生 14% 的应变。

滚动驱动器是通过滚动单层介电弹性体制成的，就像多层堆叠驱动器一

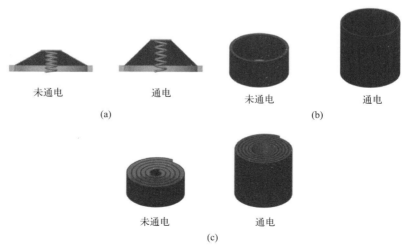

图 2-25　三种线性膨胀型介电弹性体驱动器

样，在相同的工作电压下，具有叠加麦克斯韦应力的作用。滚动驱动器如图 2-25(c) 所示，研究表明，利用滚动驱动器可以获得超过 10％ 的应变。此外，研究人员通过在圆周方向上设置两个或四个电极，提出了能够弯曲或旋转以及轴向膨胀运动的 2-DOF 和 3-DOF 滚动驱动器。但是，不均匀的厚度、不均匀的电场和应力集中会限制 DEA 的性能。通过采用适当的制造方法，例如精细加工，可以改善介电弹性体膜的质量和均匀性，从而提高其性能。

2.4.2　软体机器人抓手

抓握各种形状的物体是机器人技术领域最具挑战性的问题之一。作为此问题的解决方案之一，DEA 引起了研究人员的广泛关注。DEA 的灵活性使抓取对象与 DEA 抓手之间紧密接触，同时实现了有效的抓握。基于 DEA 的简单工作原理和较大的驱动应变，研究人员已开发出具有各种配置的不同类型的 DE 抓持器。

图 2-26(a) 是第一个基于介电弹性体最小能量结构（DEMES）设计出的 DE 抓持器，其基本结构是将预拉伸的 DE 层压到柔性塑料框架内。预拉伸的

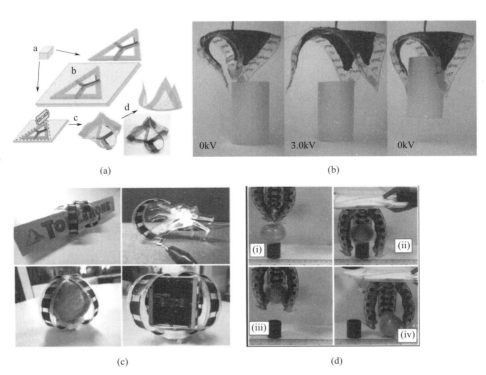

图 2-26　不同类型的 DE 抓持器

DE 的张力会收缩其自身的结构并释放弹性性能，然后释放的能量的一部分存储在柔性塑料框架中，导致弯曲。当对 DEA 施加电压时，DE 的张力减小，整个结构张开得以抓住目标物体。图 2-26（b）展示了整个抓握过程。

图 2-26（c）是一种带有多段 DEMES 的新型 DEA 夹具，这种 DEA 夹具由不同高长宽比的多段 DEMES 段组成，使抓取器能够包裹各种尺寸的物体。但是，这种结构的抓取力不足。这是因为 DE 执行器的材料是 PDMS，其原始厚度为 $70\mu m$，预拉伸比为 1.3，而预拉伸比低便不会产生高张力。尽管抓取力不足，但该设计可以被视为开发 DE 抓持器的里程碑。为了提高 DE 抓持器的抓取力，研究团队开发了具有拱形结构柔性框架的多段 DEMES，如图 2-26（d）所示。由于预拉伸的 DE 与中性轴之间的距离增加，具有拱形框架的预拉伸 DE 可以产生比平坦的框架更高的弯矩。此外，使用 VHB4910 作为 DE 驱动器的材料（可以高度预拉伸的材料），驱动器可以产生更大的输出力。得益于增强的 DE 驱动器，这种抓持器可以提起比抓持器重 8～9 倍的物体。此外，由于该抓持器的面积为 103mm×40mm，因此它可以抓取橘子之类尺寸大小的物体。

2.4.3 航空航天领域的应用

介电弹性体较轻的重量和良好的柔韧性使其在航空航天和其他领域具有广阔的应用前景。美国国家航空航天局（NASA）、欧洲航天局和其他有关机构都积极开展了广泛的探索研究，并取得了一系列研究成果。1995 年，美国国家航空航天局启动了一项针对轻型肌肉驱动器的研究计划，喷气推进实验室的研究小组对介电弹性体驱动的机械臂进行了研究。原来的太空探索中用于探测器窗口的除尘机械刷具有重量大和结构复杂的缺点，而使用 EAP 驱动器制成的空间智能除尘刷具有重量轻、结构紧凑、驱动功率低的优点，可以有效减轻空间探测器的重量、节约能源，具体结构如图 2-27 所示。2007 年，瑞士联邦材料测试与开发研究所提议使用介电弹性体制作飞艇舵驱动器，该驱动器可以控制飞艇的自由转向，如图 2-28 所示。

外星探测器需要应对复杂的地形和恶劣的环境，与轮式或履带式移动机器人相比，跳跃机器人可以轻松跳过自身大小甚至自身几倍大小的障碍物或沟渠，因此具有更好的地形适应性和自主运动能力，在地形勘测中具有广阔的应用前景。为了在星际探索中穿越崎岖的地形，NASA 设计了三代跳跃机器人，它们将能量存储在电动机驱动的压缩弹簧中，以完成方向、起飞和着陆的调整。但随着工作环境的多样化和执行任务的复杂性的提高，机器人需要结构更

图 2-27　空间智能除尘刷

图 2-28　飞艇舵驱动器

紧凑、重量更轻、运动更灵活。因此，机器人的驱动器便要满足更高的要求。

北京化工大学罗斌基于对介电弹性体的研究，设计出一种由介电弹性体驱动器驱动的跳跃机器人。该跳跃机器人主要包括三个部分：为机器人提供驱动力的 DEA，实现跳跃运动的跳跃装置以及能量存储和释放装置。跳跃机器人 3D 模型如图 2-29 所示。

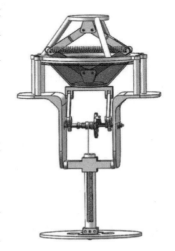

　　跳跃机器人中最关键部分是能量存储和释放装置。驱动器的运动特性是规则的线性往复运动，为了将该往复运动转换成能量进行存储，罗斌设计了一种能量存储和释放机构，主要包括传动杆和传动轴。传动杆的作用是将 DEA 的垂直运动转换成传动轴上的旋转，并且采用单向轴承

图 2-29　跳跃机器人 3D 模型

以确保单向旋转，传动杆可以简化为曲柄滑块机构。传动轴的作用是缠绕绳索，从而压缩弹簧腿以存储能量。储能完成后，锁定杆将缩回，从而释放锁定转盘，进而使绳索缩回并释放能量。能量存储和释放过程中传动杆和传动轴的运动如图 2-30 所示。

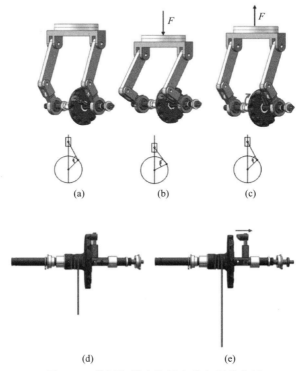

图 2-30　跳跃机器人能量存储和释放装置

实验阶段向 DEA 提供 6.5kV、0.4Hz 的方波电压，以驱动弹簧腿的能量存储，并且使用高速相机记录下机器人的能量存储过程，如图 2-31 所示。此外，在每个能量存储周期中，弹簧腿的压缩位移是通过激光位移传感器测量的，测量结果表明机器人在 60s 内完成了 25 个能量存储循环，并将弹簧腿压缩了 22.26mm。在前 12 个储能循环中，由于 DEA 提供的驱动力远大于弹簧腿的反作用力，每个循环中弹簧腿的压缩位移都很大，平均压缩位移达到 1.25mm。但随着弹簧腿的连续压缩，弹簧腿的反作用力变大，在接下来的 13 个储能循环中，每个循环中弹簧腿的压缩位移都显著降低，平均压缩位移仅为 0.605mm。最终，弹簧腿的驱动力和反作用力达到平衡，弹簧腿不再受压。在弹簧腿储能完毕后机器人开始跳跃，其跳跃过程如图 2-32 所示，跳跃高度达到了 45mm。

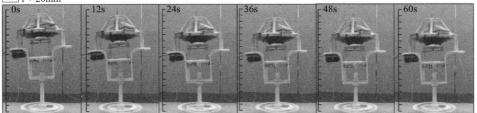

图 2-31　跳跃机器人能量存储过程

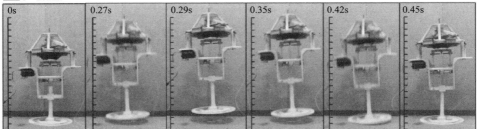

图 2-32　跳跃机器人跳跃过程

参 考 文 献

[1] Pelrine R，Kornbluh R D，Pei Q B，et al. Dielectric elastomer artificial muscle actuators：toward biomimetic motion [C]//Smart Structures and Materials 2002：Electroactive polymer actuators and devices (EAPAD) . SPIE，2002，4695：126-137.

[2] Pei Q B，Pelrine R，Stanford S，et al. Multifunctional electroelastomer rolls and their application for biomimetic walking robots [C]//Smart Structures and Materials 2002：Industrial and Commercial Applications of Smart Structures Technologies. SPIE，2002，4698：246-253.

[3] Li T F，Zou Z A，Mao G Y，et al. Agile and resilient insect-scale robot [J]. Soft Robotics，2019，6 (1)：133-141.

[4] Shian S，Bertoldi K，Clarke D R. Use of aligned fibers to enhance the performance of dielectric elastomer inchworm robots [C]//Electroactive Polymer Actuators and Devices (EAPAD) 2015. SPIE，2015，9430：417-425.

[5] Duduta M，Clarke D R，Wood R J. A high speed soft robot based on dielectric elastomer actuators [C]//2017 IEEE International Conference on Robotics and Automation (ICRA) . IEEE，2017：4346-4351.

[6] Jung K，Koo J C，Lee Y K，et al. Artificial annelid robot driven by soft actuators [J]. Bioinspiration & Biomimetics，2007，2 (2)：S42.

[7] Sun W J，Liu F，Ma Z Q，et al. Soft mobile robots driven by foldable dielectric elastomer

actuators [J]. Journal of Applied Physics, 2016, 120 (8): 084901.

[8] Gu G Y, Zou J, Zhao R K, et al. Soft wall-climbing robots [J]. Science Robotics, 2018, 3 (25): eaat2874.

[9] Prahlad H, Pelrine R, Stanford S, et al. Electroadhesive robots—wall climbing robots enabled by a novel, robust, and electrically controllable adhesion technology [C]//2008 IEEE international conference on robotics and automation. IEEE, 2008: 3028-3033.

[10] Christianson C, Goldberg N N, Deheyn D D, et al. Translucent soft robots driven by frameless fluid electrode dielectric elastomer actuators [J]. Science Robotics, 2018, 3 (17): eaat1893.

[11] Liu B Y, Chen F Y, Wang S K, et al. Electromechanical control and stability analysis of a soft swim-bladder robot driven by dielectric elastomer [J]. Journal of Applied Mechanics, 2017, 84 (9): 091005.

[12] Godaba H, Li J S, Wang Y Z, et al. A soft jellyfish robot driven by a dielectric elastomer actuator [J]. IEEE Robotics and Automation Letters, 2016, 1 (2): 624-631.

[13] Shintake J, Shea H, Floreano D. Biomimetic underwater robots based on dielectric elastomer actuators [C]//2016 IEEE/RSJ International Conference on Intelligent Robots and Systems (IROS). IEEE, 2016: 4957-4962.

[14] Li T F, Li G R, Liang Y M, et al. Fast-moving soft electronic fish [J]. Science Advances, 2017, 3 (4): e1602045.

[15] Berlinger F, Duduta M, Gloria H, et al. A modular dielectric elastomer actuator to drive miniature autonomous underwater vehicles [C]//2018 IEEE International Conference on Robotics and Automation (ICRA). IEEE, 2018: 3429-3435.

[16] Tang Y C, Qin L, Li X N, et al. A frog-inspired swimming robot based on dielectric elastomer actuators [C]//2017 IEEE/RSJ International Conference on Intelligent Robots and Systems (IROS). IEEE, 2017: 2403-2408.

[17] Chen Y F, Zhao H C, Mao J, et al. Controlled flight of a microrobot powered by soft artificial muscles [J]. Nature, 2019, 575 (7782): 324-329.

[18] Carpi F, Migliore A, Serra G, et al. Helical dielectric elastomer actuators [J]. Smart Materials and Structures, 2005, 14: 1210.

[19] Carpi F, Migliore A, De Rossi D. A new contractile linear actuator made of dielectric elastomers [C]//Smart Structures and Materials 2005: Electroactive Polymer Actuators and Devices (EAPAD), San Diego, CA, USA, 6 May 2005, 5759: 64-74.

[20] Kofod G, Wirges W, Paajanen M, et al. Energy minimization for self-organized structure formation and actuation [J]. Applied Physics Letters, 2007, 90: 081916.

[21] Araromi O A, Gavrilovich I, Shintake J, et al. Rollable Multisegment Dielectric Elastomer Minimum Energy Structures for a Deployable Microsatellite Gripper [J]. IEEE/ASME Transactions on Mechatronics, 2014, 20: 438-446.

[22] Heng K R, Ahmed A S, Shrestha M, et al. Strong dielectric-elastomer grippers with tension arch flexures [C]//Smart Structures and Materials 2017: Electroactive Polymer Actuators and Devices (EAPAD), Portland, OR, USA, 17 April 2017, 10163: 336-343.

[23] Shintake J，Schubert B，Rosset S，et al. Variable Stiffness Actuator for Soft Robotics Using Dielectric Elastomer and Low-Melting-Point Alloy [C]// 2015 IEEE/RSJ International Conference on Intelligent Robots and Systems（IROS），Hamburg，Germany，28 September-2 October 2015：1097-1102.

[24] Imamura H，Kadooka K，Taya M. A variable stiffness dielectric elastomer actuator based on electrostatic chucking [J]. Soft Matter，2017，13：3440-3448.

[25] Shintake J，Rosset S，Schubert B，et al. Versatile Soft Grippers with Intrinsic Electroadhesion Based on Multifunctional Polymer Actuators [J]. Advanced Materials，2016，28：231-238.

[26] Youn J H，Jeong S M，Hwang G，et al. Dielectric Elastomer Actuator for Soft Robotics Applications and Challenges [J]. Applied Sciences，2020，10（2）：640.

[27] Luo B，Li B Y，Yu Y，et al. A Jumping Robot Driven by a Dielectric Elastomer Actuator [J]. Applied Sciences，2020，10（7）：2241.

[28] 刘立武. 电活性介电弹性体的本构理论和稳定性 [D]. 哈尔滨：哈尔滨工业大学，2011.

[29] 杨丹，张立群. 高电致形变介电弹性体的研究进展 [J]. 材料保护，2013，46（S1）：92-95.

[30] 崔超宇. 基于介电弹性体的双稳态驱动器设计与分析 [D]. 广州：华南理工大学，2018.

[31] 张飞. 基于介电弹性体最小能量结构的软体机器人研究 [D]. 西安：西安理工大学，2020.

[32] 金丽丽，鄂世举，曹建波，等. 介电弹性体材料研究现状综述 [J]. 机电工程，2016，33（01）：12-17＋36.

[33] 王化明，朱剑英，叶克贝，等. 介电弹性体线性驱动器研究 [J]. 机械工程学报，2009，45（07）：291-296.

[34] 叶克贝. 介电弹性体线性驱动器研究 [D]. 南京：南京航空航天大学，2009.

[35] 刘浩亮，于迎春，颜莎妮，等. 介电性弹性体的研究进展 [J]. 特种橡胶制品，2011，32（01）：71-76.

[36] 陈田. 聚氨酯介电弹性体复合材料的电机械性能研究 [D]. 南京：南京航空航天大学，2016.

[37] 陈宝鸿，周进雄. 离子导体驱动的介电弹性体软机器研究进展 [J]. 固体力学学报，2015，36（06）：481-492.

第3章
形状记忆材料致动软体机器人

形状记忆材料（shape memory material，SMM）是一种能够感知并响应外界刺激，对其力学性能进行调整后可以回复到初始状态的一种智能材料。最常见的 SMM 主要是形状记忆合金（shape memory alloy，SMA）和形状记忆聚合物（shape memory polymer，SMP）。由于形状记忆材料具有形状记忆效应、高温恢复形变、良好的抗振性和适应性等优异性能，广泛应用于航天、机械电子、生物医疗、桥梁建筑、汽车工业及日常生活等多个领域。

3.1　形状记忆聚合物致动软体机器人

SMP 可以在电、热、光、化学等外部条件发生变化时，在特殊应变条件下将其形状临时固定，如果外界环境以特定的方式和规律再次发生变化，它们便可逆地回复至最初状态。SMP 作为一种新兴的智能材料，具有成本低、重量轻、变形量大（最高可达 800%）、易加工、响应方式多样、刺激响应范围广以及良好的化学稳定性和生物相容性等优点。

3.1.1　形状记忆聚合物的致动原理

（1）形状记忆聚合物的记忆机理

关于形状记忆聚合物的基础理论是由日本科学家石田正雄对形状记忆聚合物的微观组成结构进行了大量的观察、研究后得出的。他提出形状记忆聚合物的主要结构特征在于其内部的固定相和可逆相。

固定相通常为高分子链的物理或化学交联结构。固定相为物理交联结构的称为热塑性形状记忆聚合物，其交联点由部分结晶结构、超高分子链的缠绕等形成，可以熔化再成型或者溶解于某些溶液中。固定相具有化学交联结构的称为热固性形状记忆聚合物，其交联点通过化学共价键连接，通过物理手段无法打断其交联结构，因此无法熔化再成型。正因为这一原因，热固性形状记忆聚合物往往比热塑性形状记忆聚合物具有更高的形状回复率和更好的形状保持能力。

　　可逆相结构通常为未交联的链段部分，即结构中随着温度的变化可发生软化和硬化转变的成分。当材料被加热到转变温度时，相邻交联点间的分子链段随机地缠绕在一起。当施加外界拉应力时，分子链段被拉伸伸长。当降温并维持材料的宏观形态不变时，这些重新取向的分子链段将产生二次交联。若材料冷却至转变温度以下，则材料硬化，分子链段的布朗运动冻结，取向的分子链段被固定，使制品的形变得以保持。当二次成型的制品被加热时，可逆相结晶熔融，材料处于软化状态，分子链段取向解除，宏观表现为形状回复。材料冷却后，可逆相硬化，材料回复至原始状态。

　　因此，形状记忆效应是聚合物在温度变化的前提下，固定相和可逆相共同作用的结果。石田正雄对形状记忆聚合物的结构特性做出的简单且易于理解的概述，为形状记忆聚合物的制备和致动奠定了基础。

　　基于石田正雄的理论，许多研究者对形状记忆聚合物的记忆机理进行了进一步的解释：形状记忆聚合物的固定相结构主要包括以分子链缠结或结晶为节点形成的物理交联网络、化学交联网络和互穿的聚合物网络结构等，为形状记忆聚合物的永久形状及回复临时形状提供相应的驱动力；而可逆相结构主要包括熔融/结晶转变、玻璃化转变、超分子组装/解组装、可逆的分子交联等，能促进形状记忆聚合物在外界刺激下保持临时形状或者在回复过程中对外界刺激做出相应的响应。

　　新加坡南洋理工大学黄为民教授根据形状记忆聚合物中不同组分的力学特性，来阐述形状记忆效应的机理。温度诱导的形状记忆效应主要根据聚合物不同组成部分在温度变化时产生不同的新的响应或具有的不同状态而分为三类：双状态机制、双组分机制和部分过渡机制。以部分过渡机制为例，当聚合物中的填充相受热后发生部分软化甚至变为黏流态后，弹性基体在外力作用下发生弹性变形，同时填充相受到基体挤压作用而发生变形。冷却处理过程中，由于填充相变硬阻止了弹性基体回复形状，从而实现形状固定的效果。在后续加热过程中，弹性基体回复形状，由于填充相再次变软，材料宏观的形状回复得以实现。

综上所述，SMP 的形状记忆效应是由其内部结构决定的，随着研究的不断深入，会有新的发现推动 SMP 的制备和发展。

（2）形状记忆聚合物结构的弯曲变形

① 变形行为及回复过程　形状记忆聚合物材料的变形行为主要有三种：弯曲、拉伸和微小尺度塑性变形。下面以热致动型形状记忆聚合物材料为例，来分析形状记忆聚合物的变形行为。热致动的形状记忆聚合物材料是指通过外界温度的改变实现形状记忆效应的一类树脂材料，当制作完成后的树脂样品处于物理交联或化学交联的固定相状态时，能够记忆材料的初始形状。当外界温度发生变化，使材料本身温度升高到可逆相的玻璃化转变温度以上时，材料变为高弹性的橡胶态，可通过外力的作用实现形状的变化。持续对材料实施外力以便保持临时变形状态，将材料温度降低至玻璃化转变温度以下，该变形形状被固定下来，即材料的可逆相由橡胶态转变成玻璃态，相应变化的形状应变被"冻结"；这时除去外力作用，临时的形状被固定下来。当材料温度再次被加热到玻璃化转变温度以上时，在分子运动的作用下，材料内部被"冻结"的应变宏观表现为被固定的形状回复至初始形状，从而完成了一次形状记忆回复过程。

以简单的形状记忆聚合物薄板为例，来模拟空间可展开结构的具体变形及展开过程。首先，将聚合物薄板加热到形状记忆聚合物玻璃化转变温度以上，使结构材料变软后，将薄板围绕圆柱进行弯曲变形；然后利用外力维持薄板弯曲变形的同时将其冷却至室温，使弯曲变形状态固定，之后撤销外力；最后将薄板重新加热到材料玻璃化转变温度以上，薄板逐渐回复展开到原始平板状态。如果将光纤光栅传感器表面粘贴或者埋入形状记忆聚合物结构的表面位置，传感器可以感知到由于结构弯曲变形而引起的应变变化，薄板动态回复过程中以图 3-1 中的回复角 θ 来定量标定其回复状态。

② 弯曲变形简化理论模型　整个展开变形过程可以简单假设为形状记忆聚合物梁的纯弯曲变形。梁的纯弯曲变形即在整个变形过程中弯矩为常量，剪切应力为零。基于纯弯曲变形假设，形状记忆聚合物梁的变形状态如图 3-2 所示。

纯弯曲变形遵从如下截面变形假设：

a. 变形前后平面横截面仍为平面，仍垂直于梁的中心轴线，即横截面上无切向应力；

b. 变形后纵向纤维间无挤压正应力，即横截面上只有轴向正应力。

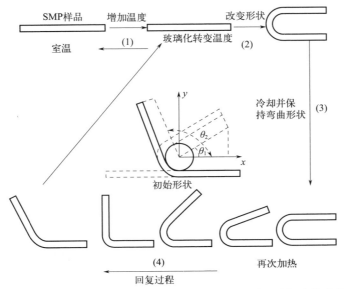

图 3-1　典型热致动状态下形状记忆聚合物弯曲变形及回复过程示意图

基于以上两点变形假设可总结纯弯曲变形的特征为：

a. 各个纵向线段弯成弧线，且中心轴上部分的纵向线段缩短，中心轴下部分的纵向线段伸长；

b. 各个横向线段相对转过了一个角度仍保持直线；

c. 变形后横向线段与纵向弧线垂直，只是在横向线段间做相对转动。

直梁纯弯曲时横截面上任意一点的弯曲正应力与它到中性层的距离成正比，即沿截面高度，弯曲正应力按线性规律分布。变形后的梁的轴线曲率与弯矩成正比。

根据以上分析的纯弯曲变形的结构受力特点，重新观察图 3-2，定量地给

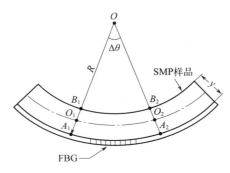

图 3-2　形状记忆聚合物梁的纯弯曲变形过程横截面示意图

出受力情况。在中性轴 O_1O_2 上方的梁纵向线段 B_1B_2 受到压缩应力的作用，而下方的纵向线段 A_1A_2 受到拉伸应力的作用。根据材料力学的理论，在纯弯曲变形作用下梁的纵向应变可以由式(3-1) 计算得到。

$$\begin{cases} \varepsilon_{伸长} = \dfrac{\overline{A_1A_2} - \overline{O_1O_2}}{\overline{O_1O_2}} = \dfrac{(R+y/2)\Delta\theta - R\Delta\theta}{R\Delta\theta} = \dfrac{y}{2R} = \dfrac{yC}{2} \\[4mm] \varepsilon_{缩短} = \dfrac{\overline{B_1B_2} - \overline{O_1O_2}}{\overline{O_1O_2}} = \dfrac{(R-y/2)\Delta\theta - R\Delta\theta}{R\Delta\theta} = \dfrac{-y}{2R} = \dfrac{-yC}{2} \end{cases} \tag{3-1}$$

式中　y——形状记忆聚合物梁的厚度；

　　　R——形状记忆聚合物梁的弯曲半径；

　　　C——形状记忆聚合物梁的曲率。

（3）形状记忆聚合物的致动方式

形状记忆聚合物有多种致动方式，包括热致动、电致动、磁致动、光致动、溶液致动等。

① 热致动　热致动主要依靠外部环境的热能进行加热，通过传导、对流、散热等直接或间接的方式，将热量传递给热敏 SMP。典型的热致动形状记忆材料的形状记忆循环如图 3-3 所示，一般分为以下步骤：

a. 将材料加热到玻璃化转变温度 T_g 或者熔化温度 T_m 以上，并加载使其变形到特定形状；

b. 保持变形并降温；

c. 待降温过程结束后进行卸载；

d. 将材料再次加热到玻璃化转变温度 T_g 或者熔化温度 T_m 以上，使材料自动回复其初始形状。

热致动主要采用外部加热的方法，具有操作方便、可控性好的优点，但是能量利用率还有待提高。目前，热致动型 SMP 是研究最早和最常见的一类响应型记忆聚合物。

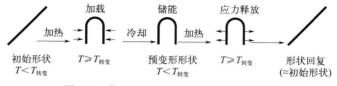

图 3-3　典型热致动形状记忆循环示意图

图 3-4 所示的是利用熔融沉积技术打印的热致动形状记忆聚合物花朵，该花朵加热到玻璃化转变温度以上时会折叠在一起。

 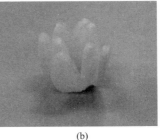

(a)   (b)

图 3-4　热致动形状记忆聚合物花朵

② 电致动　电致动的原理主要是在 SMP 内添加具有导电性能的物质（如导电炭黑、金属粉末和导电高分子等），导电物质在聚合物基体中相互连接，形成导电网络，从而获得具有良好导电性的 SMP 复合材料。在外加电压作用下，电流流经导电网络，产生焦耳热，当基体温度大于转变温度时，触发复合材料形状回复。因此其本质上是焦耳热致动的热响应 SMP 复合材料。该复合材料通过电流产生的热量使体系温度升高，致使形状回复，所以其既具有导电性能，又具有良好的形状记忆功能。因而该复合材料具有传热速度快、易远程驱动、导电性优异等优点。

电致动方式的局限性在于其应用对象仅限于具有导电功能的 SMP 材料。图 3-5 所示为含体积分数 10％炭黑（CB）的聚氨酯（PU）在 30V 电压下的形状回复过程。该复合材料在玻璃化转变温度以上时弯曲至 135°，冷却固定至室温，加持 30V 的电压，材料在 90s 内恢复至 30°，形状回复率约为 80％。

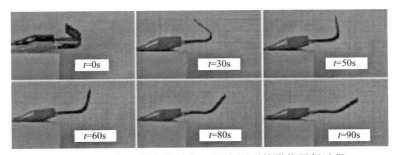

图 3-5　PU/CB 复合材料在 30V 电压下的形状回复过程

③ 磁致动　磁致动的原理主要是在光敏 SMP 基体中引入磁性纳米颗粒，在交变磁场中产生热量的顺磁粒子以及在电场中导电产生焦耳热的导电粒子与 SMP 基体复合而得到形状记忆聚合物复合材料（SMPC），施加电场或者交变磁场时产生热量使 SMPC 基体温度升高到其形状记忆转变温度以上，最终引

起形状记忆效应。在交变磁场中当这些填充粒子与 SMP 基体进行复合时，不仅使得 SMPC 具有良好的多刺激响应形状记忆，而且其力学性能也得到了显著的提高。虽然磁场可以深入聚合物内部从而触发形状记忆效应，是一种较为理想的致动方法，但磁致动为了产生足够的焦耳热需要较强的磁场，会对人体产生不良影响。

磁致动的特征在于其对于 SMP 材料形状记忆效应的致动是以非接触的方式来实现的。图 3-6 所示为磁致形状记忆聚己内酯在交变磁场中的形状回复过程。

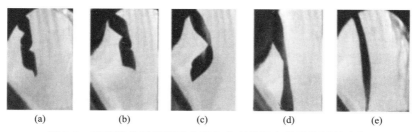

(a)   (b)   (c)   (d)   (e)

图 3-6　磁致形状记忆聚己内酯在交变磁场中的形状回复过程

④ 光致动　光致动的原理主要有两种：一种是光化学反应导致变形，在材料中填充炭黑或碳纳米管等吸热、导热材料，增加形状记忆聚合物材料对光的热吸收能力和热传导能力，在光照下引起材料结构变化，不断累积导致宏观变化，实现形状记忆功能；另一种是在热敏 SMP 中引入光敏感官能团，在特定的波长光照作用下，产生可逆的交联和分解反应。光致动型 SMP 是在光刺激条件下发生形变和回复形状的一类聚合物，具有瞬时性、定点性和非接触性等特点。由于光致动的形状记忆效应基于光热转换，因此需要解决光的传导、光的散射和光的吸收等问题。

图 3-7 所示为具有多段响应性的新型 NIR 光致形状记忆离子聚合物，它由商业化聚合物聚乙烯醇（PVA）和聚丙烯酸（PAA）作为骨架和各种金属离子通过离子交联作用制备得来。

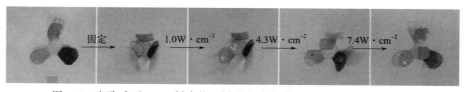

图 3-7　光致动型 SMP 制成的三瓣花在光的作用下产生形状记忆行为

⑤ 溶液致动　溶液致动的原理主要有两种。一种是溶剂分子通过扩散作用渗透到聚合物网络中，对聚合物网络产生溶胀作用，使其体积增加。膨胀后的聚合物网络，其内部聚合物分子的运动空间增加、柔顺性和运动能力增加，导致聚合物的转变温度和内聚能间接地降低。当形状记忆聚合物的转变温度降低到室温时，形状记忆聚合物的形状记忆效应由此被触发。另一种是溶液致动的形状记忆聚合物材料和极性溶剂发生化学反应，从而对形状记忆聚合物产生增塑作用，使得弹性应变能释放而发生形状回复。

3.1.2　形状记忆聚合物的分类及制备方法

（1）形状记忆聚合物的分类

致动方式是对 SMP 进行分类的重要依据，按照致动方式，SMP 可分为热致 SMP、电致 SMP、光致 SMP、磁致 SMP、溶液致 SMP。在 3.1.1 节中对这一分类方式的 SMP 进行了具体介绍，故在这一节中将重点介绍按形状记忆聚合物的结构特点分类的热塑性 SMP 和热固性 SMP，也可称为物理交联 SMP 和化学交联 SMP。

① 热塑性 SMP　热塑性 SMP 指分子链为线性且固定相为物理交联结构的聚合物材料，其在一定温度条件下可以软化或熔融从而进行反复加工成型。

热塑性 SMP 最为典型的有聚氨酯（PU）和聚己内酯（PCL）共聚物，这两种聚合物能够相互混溶，其中一种聚合物在结构中充当硬段，而另外一种则为软段。

② 热固性 SMP　热固性 SMP 指在一定温度下分子链之间通过交联反应等化学变化形成三维网状结构作为固定相的材料，这种变化具有不可逆性。相对来说热固性 SMP 网络结构更加牢固，不仅形状保持能力稳定，而且形状回复能力更强。热固性 SMP 主要是通过化学或者辐射方法得到交联结构，且在交联成型后不能被再次塑形，一般的交联手段主要是通过在聚合物里添加引发剂或者通过 γ 射线和紫外光照射进行交联。

以交联的聚乙烯为例，其在成型过程中利用过氧化物或硅烷进行交联，或成型后通过高能射线辐射而形成网状结构。由于网状结构的生成使聚合物失去可塑性，因而称为热固性的形状记忆聚合物。热固性 SMP 相对于其他形状记忆聚合物材料具有比强度大、形变回复力大、耐热温度高、抗辐照能力强等优点。

Zarek 等人开发了一种新型的光引发交联聚己内酯基体，在紫外光照射的情况下分层打印不同的实物模型。在 3D 打印的过程中，打印的每一薄层都可以充分地在紫外光的照射下进行交联，与普通的热压成型相比，光固化交联更有利于打印过程的顺利进行，并且有利于各种复杂结构模型的打印，如图 3-8 所示。

图 3-8　临时形状为 6cm 高的埃菲尔铁塔在 70℃下加热回复到原始形态

此外，还可按照 SMP 的应用领域来进行分类，如医用 SMP、航天航空用 SMP、纺织品用 SMP 等类型。按照其形状记忆过程中能记忆形状的个数可分为：双重 SMP、三重 SMP 和多重 SMP。按照其是否需要重新程序化，可分为单向 SMP 与双向 SMP。

相对于传统形状记忆材料而言，形状记忆聚合物材料的强度低、结构承载能力差、形变回复力小等缺点制约了其在智能结构上的应用。为了解决 SMP 自身存在的不足，现如今已研制出多种形状记忆聚合物复合材料（shape memory polymer composite，SMPC），常用的 SMPC 类型如下：

① 颗粒增强型　颗粒增强型形状记忆聚合物复合材料多采用功能性纳米颗粒作为填充相，使形状记忆聚合物材料具备电致或磁致驱动功能，一定程度上改善了聚合物材料的力学性能，提高材料的刚度及形状回复力，但对材料的拉伸、折叠变形过程中的极限应变及拉伸性能改善不太明显。

② 混杂纤维填充型　混杂纤维填充型形状记忆聚合物复合材料有效地起到了功能驱动性和力学性能的双重改善效果，然而在力学性能的提高程度上还是不能充分地满足空间可展开结构折叠变形的实际应用要求。

③ 连续纤维增强型　连续纤维增强型形状记忆聚合物复合材料则大幅度地提高了聚合物材料的拉伸强度、疲劳性能、比强度、比刚度和形状回复力，进一步满足空间可展开结构对基体材料的低密度、高比强度、高比刚度和较大的折叠变形率的要求。

SMPC 不仅有效提高了材料的强度、承载力和回复力，而且在激励方式上有了更为便捷的手段，相对于实现同样驱动方式的形状记忆合金和陶瓷材料，其造价更为低廉，制备加工手段更为简单，变形量更大，材料本身重量更轻、密度更低。

（2）形状记忆聚合物的制备

目前，形状记忆聚合物常见的制备方法主要包括：交联法、共聚法、分子自组装法等。

① 交联法　交联法是分子通过外部提供的能量（如温度、光照等）产生相应的自由基并引发自由基的结合，从而使聚合物发生交联。在交联过程中，聚合物内部的线性分子或链段间通过物理或者化学键的方式相互连接，从而形成交联网络。

根据交联方式的不同又可分为物理交联和化学交联。物理交联一般采用辐射法来制备热塑性形状记忆聚合物，可改善其强度和热稳定性能，且不会发生分子内的其他化学污染。但其缺点也较明显，如过高的辐射能量会加剧聚合物的降解，降低最终的制备产量。而化学交联则通过二步或者多步法来制备热固性形状记忆聚合物，不仅可以在温和的条件下进行，且易制得高产量产物。但此方法进行的交联需在形状记忆聚合物成型的最后一步进行，否则会导致成型困难。

② 共聚法　共聚法的原理，是将两个或者多个具有不同玻璃化转变或者熔融温度的单体通过聚合的方式形成记忆型嵌段共聚物，其记忆性能可通过调节加入单体的配比、种类及组成来控制聚合物的相变温度、固定率和回复率等。该方法制备简单、周期短，但需要加热以及催化剂或者溶剂的存在，甚至部分溶剂的使用可能会对环境产生严重的污染问题。

③ 分子自组装法　分子自组装法是一种利用分子内部能量自发地聚集，形成超分子结构的方法，如静电作用、结晶、范德华力和氢键作用等。该方法不同于传统的合成方法，具有节能环保、制备简单等优点，也为今后的制备发展提供了新的方向。但大多数形状记忆聚合物都是以氢键或静电作用作为驱动力，这就要求反应物中需带有相应的基团或原子，导致制备的形状记忆聚合物种类十分有限。

（3）形状记忆聚合物的改性

目前，SMP 的制备方法相对成熟，且展现出优异的形状记忆性、形状多样性和复杂性；但其自身的力学性能仍有一些问题需进一步改善，如较低的延展性和应力等，可通过化学或物理改性的方法来解决。

① 物理改性　物理改性通常采用混合一种或几种高延展性的弹性体或填充官能化的纳米填料（例如石墨烯、二氧化硅和碳纳米管等）以获得高延展性的形状记忆聚合物，如 Ni 等将占整个复合材料体积分数为 3.3% 的碳纳米管掺入 SMP 基底，来获得一种强韧型的纳米复合材料，最终可将该纳米复合材

料的回复应力提高到未掺杂碳纳米管的 SMP 的 2 倍。

② 化学改性　化学改性是利用嵌段或接枝的方式来提高记忆聚合物应变的一种方法。目前，大部分研究常以长链胺或直链型的多元醇为接枝物或者嵌段单体，利用它们柔性结构的高延展性来使改性聚合物的应变得到提高。

3.1.3　典型形状记忆聚合物致动软体机器人

区别于传统机器人的电机致动方式，软体机器人的致动方式主要取决于所使用的智能材料；而形状记忆聚合物作为智能材料的一种，具有密度小、赋形容易、变形量大、响应温度可调等优点，能很好地应用于软体机器人的设计和制造中。

（1）形状记忆聚合物适用于软体机器人的特性

智能材料能够感知外部环境变化并自主进行判断、处理以及适度响应。智能材料也是继天然材料、合成高分子材料、人工设计材料之后的第四代材料。它的兴起引发了材料科学的一次新的革命。智能材料的设计得益于仿生的发展，又反哺于仿生领域的研究，例如软体机器人。软体机器人采用可承受大应变的智能材料制成，具有无限自由度和分布式连续变形能力。

按照其功能，软体机器人基本可以分为两种：运动型和操作型。运动型软体机器人可实现爬行、蠕动、游泳、跳跃等动作；操作型软体机器人可使其末端执行器到达工作空间内的任意一点，进而实现抓取、提升物体等动作。由于软体材料的一些特性，由其制作的软体机器人具有较高的柔顺性，更易于适应复杂的环境和处理易碎和形状不规则的物体。

要使智能材料适用于软体机器人，需要将多种材料组元通过有机紧密复合或严格的科学组装构成材料系统，其并不是一种单一的材料种类，而是一种拥有智能化的机构体系。因此，智能材料必须具备感知、驱动和控制这三个基本功能要素。具体来说，智能材料需具备能够感应外界诸如电、光、热、力等信息的刺激，根据外界信息的刺激能够做出响应，并按照设定的方式选择和控制响应；当外部刺激消除后，其能够迅速回复到原始状态。其中 SMP 作为一种可以记忆初始形状的智能材料，被广泛用作致动器，是软体机器人设备制造过程中的主要组成部分。如图 3-9 所示，形状记忆材料在受到热、光、电、机械、化学等刺激时，逐渐达到相转变条件，在此过程中其刚度不断变化，即可产生暂时的形状变化，从初始形状改变成临时形状。这种临时形状可固定不变，当再次受到相同刺激时，材料又会回复到初始形状，即永久形状。

初始形状 　　　　　　临时形状 　　　　　　回复形状

图 3-9　形状记忆材料变形过程

SMP 通常由两个元素组成：交换单元和网络点。交换单元负责控制形状的固定和恢复，而网络点则决定 SMP 的永久形状。网络点在本质上可以是化学的，就像交联网络中共价连接的聚合物片段一样。同时 SMP 由于具有弹性和可变形性，可以用作柔性执行器，以复制动物肌肉的功能。与刚性机器人相比，类似肌肉的结构具有更大的自由度，并且具有可变形性和顺从性，使其适合人机交互。软体机器人技术可以将由生物启发的"软技术"结合到机器人中，使它们能够在人类在场的情况下适应不可预测的环境。例如，柔性材料可以减少机器人系统无意中造成的伤害或改善抓地力。特别是像 SMP 这样的智能材料，其满足了柔软性和身体柔顺性的需求而被嵌入到致动器中。

（2）形状记忆聚合物驱动器

随着 3D 打印技术的发展，部分 SMP 材料可以通过 3D 打印技术直接成型。由于 SMP 的刺激形式包括热、光、电、磁、湿度、化学刺激等，丰富的刺激形式使得 SMP 驱动器的设计更加多元化，应用范围也更加广泛。基于 SMP 高弹性变形、低密度、低成本、易于制造、可调节转变温度及生物相容性等优势，目前典型的形状记忆聚合物驱动器的应用主要在仿生机器人、机械抓手、人工肌肉等方面。

苏黎世联邦理工学院一研究团队 3D 打印了 7.5cm 的微型潜水艇（图 3-10），该潜水艇配备了双桨驱动的双稳态推进元件，由形状记忆聚合

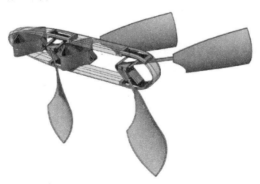

图 3-10　微型潜水艇模型

物制作而成的组件能在温水中膨胀，像肌肉一样为机器人提供前进的动力。

浙江大学一研究团队提出了一种使用 SMP 智能塑料作为抓手的全新万能抓手策略，这种万能抓手策略能大幅度简化抓手的结构与控制，非常容易地缩放抓手的大小以处理不同尺寸、任意形状、不同数量规模的物体，如图 3-11 所示。特别是在微观情况下，依靠嵌入抓取的方式，摆脱了黏附对微观物体释放的限制，为微观元件的大规模组装提供了新思路。

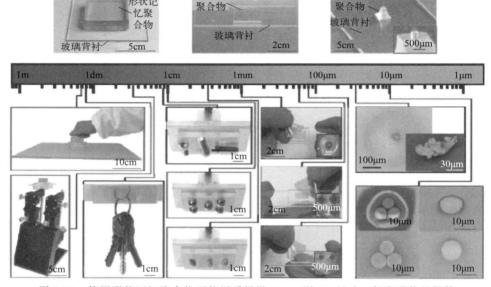

图 3-11　使用形状记忆聚合物万能抓手操纵 $10\mu m$ 到 $1m$ 尺寸、任意形状的物体

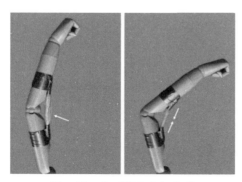

图 3-12　人工肌肉在加热时收缩，弯曲人体模型的手臂

美国斯坦福大学一研究团队将 $4,4'$-亚甲基双（苯基脲）单元结合到丙二醇聚合物骨架中，这种拉伸材料可以利用自身储存的能量，在加热的情况下举起自身重量 5000 倍的物体。将预先拉伸的形状记忆聚合物固定在木制人体模型的上臂和下臂上，从而制成人工肌肉。当被加热时，这种材料会收缩，这使得人体模型在肘部弯曲手臂（图 3-12）。

3.1.4 形状记忆聚合物在多领域的应用

SMP 所具有的特殊性能引起了一些应用领域的关注。与传统的树脂材料相比，SMP 不仅能够作为结构承载材料使用，而且其独特的形状记忆特性、变形能力强、驱动方式多样、易于加工成型等特点使其可作为功能性材料应用于多个领域。本节将介绍 SMP 在诸多领域的应用研究。

（1）生物医学领域

在生物医学领域，尤其是在微创领域，如何减小植入器件尺寸、最大限度地减少患者伤口面积，一直是医学界关心的话题。利用 4D 打印技术打印的 SMP 器件，结合 CT、MRI 等扫描技术得到的患者信息，在应用前对器件进行变形处理，预先将其体积减小到最小值，制作出定制 4D 打印植入物。待植入后，对变形器件施加激励使其主动地回复至所需尺寸进而发挥功能。这项技术为微创医学领域提供了新的技术方案，同时也为实现人体植入器件智能化和个性化定制带来了新的可能性。

目前 SMP 支架的应用面临的问题，一是如何减小植入前压缩 SMP 支架的尺寸使得伤口的轮廓尽可能地减小；二是如何个性化定制支架与软骨结构形状高度匹配，使得支架的可移动性大幅度减少。为了解决这两个问题，哈尔滨工业大学一研究团队通过直写技术打印了 Fe_3O_4/PLA 形状记忆纳米复合材料支架。这种支架可在使用前进行折叠以减小尺寸，当其置于交变磁场中时，折叠的支架可展示出自扩张行为，整个过程仅需 10s，如图 3-13 所示。这种 4D

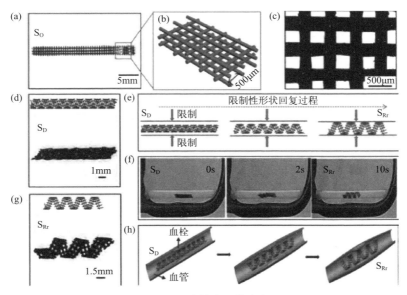

图 3-13　自扩张血管支架

支架结构实现了非接触控制和远程驱动，在微创血管支架领域具有很大的应用前景。以色列卡萨利应用化学中心一研究团队以甲基丙烯酸酯化的聚己内酯为材料通过紫外光固化成型打印了一种形状记忆气管支架，如图 3-14 所示，支架可通过居里调节感应加热驱动形状回复，展开过程只需 14s，保证了患者安全和展开效率。

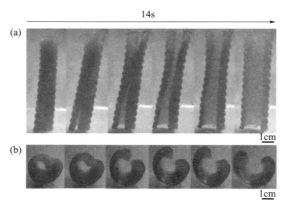

图 3-14　形状记忆气管支架

（2）柔性电子领域

柔性电子是将有机或无机电子器件设计制作在柔性基板上，可以实现一定的弯曲、延展效果，能够适应更多工作环境的新兴技术。通过将 SMP 弹性材料引入柔性电子器件领域，在保留了电子器件原有的良好物理性能的基础上，实现宏观尺度下的柔性甚至可延展性。

将经预拉伸赋形的聚苯乙烯薄膜作为基体，表面部署微型电路，并将碳纳米管制成的微型电热装置部署于需控制形状的部分，制成智能可折叠电路。如图 3-15 所示，对特定电极进行通电后，对应的微型加热器将产生热量使相应电路部分发生折叠回复。因此通过控制特定电极间的电路开合，能够主动控制

图 3-15　十字形智能电路装置的阶段折叠过程

微型电路的空间三维形状。这一智能电路装置有望应用于制造人工皮肤、健康监测装置等智能穿戴设备。

以色列卡萨利应用化学中心一研究团队通过在打印的 SMP 结构表面喷墨打印导电银浆，制备了智能可变形温度传感器。如图 3-16 所示，这种传感器的临时形状是未闭合的电路，当温度过高达到其热转变温度以上时，形状回复会使电路闭合，从而点亮连接的 LED 灯以警示温度。此外，通过在打印所得结构的表面涂覆碳纳米管实现了结构的电驱动。

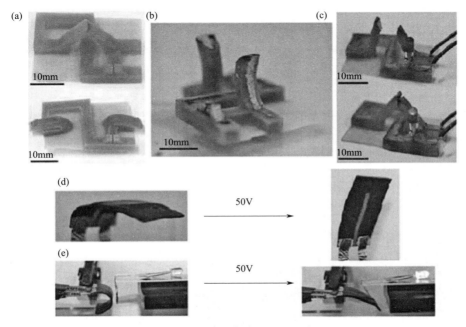

图 3-16　温度传感器及电驱动

（3）机器人领域

机器人领域是对结构复杂性及结构自动化高度需求的领域。SMP 实现了结构和功能的一体化成型，简化了复杂结构的成型工艺并增加了结构的智能性，这对机器人领域的进一步发展是十分必要的。

SMP 可用于设计智能夹爪，如图 3-17 所示。传统的机械夹爪在夹取易损的精密物体时，存在对所夹取物体造成破坏的风险。而且机械夹爪通常结构复杂，实际工作中还需配套动力装置、电路装置等，生产成本高、工作前部署烦琐。形状记忆聚合物的形状回复力较小，在夹取物体过程中能够避免造成损伤，具有器件结构设计简单、生产成本低、使用方便等优点。

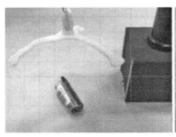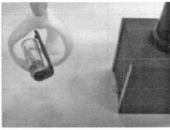

图 3-17　形状记忆聚合物智能夹爪

与传统的单向 SMP 相比，双向 SMP 具有经一次赋形后能多次可逆变形的优点。由于双向 SMP 的这一独特性质，原有针对单向 SMP 设计的智能器件已无法完全发挥双向 SMP 的潜力。因此，有研究者针对双向 SMP 的特性设计了一系列新型的智能构件。双向 SMP 可根据形状变化执行一些简单的往复动作，因而可用于制造智能夹爪。过去由单向 SMP 制成的智能夹爪在完成一次夹取后，需重新赋形后才可进行第二次抓取，而双向 SMP 制成的智能夹爪可以连续进行多次夹取工作。利用双向形状记忆聚酯设计制成的智能夹爪在成功夹取硬币后，可通过改变温度直接进行第二次夹取，无须重新赋形，如图 3-18 所示。

图 3-18　双向 SMP 智能夹爪夹取及释放硬币的过程

此外，这一类智能夹爪还具有质轻的优点，能够抓取质量达自重 100 倍以上的重物，远超机械夹爪的极限，如图 3-19 所示。

SMP 还可用于设计制造仿生机械手。香港大学一研究团队制造了一种变刚度机器人手指（将软气动执行器和加热器嵌入 SMP 基体中），SMP 在其 T_g 附近表现出巨大的弹性模量变化，通过选择性区域加热，使机器人手指具有变刚度性能，该智能结构可作为钳子或机械手实现抓取重物的功能，如图 3-20 所示。

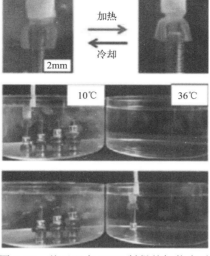

图 3-19 基于双向 SMP 制得的智能夹爪

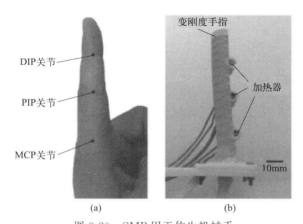

图 3-20 SMP 用于仿生机械手

3.2 形状记忆合金致动软体机器人

形状记忆合金（shape memory alloy，SMA）是一种具有较强力学性能的新型功能材料，其低于一定温度时产生的变形能够在特定的热刺激下完全回复。形状记忆合金具有的这种在高温定形后冷却到低温施加外力变形，再加热到某一确定温度后能回复到变形前的形状，并且这一过程能够重复实现的特性，被称为形状记忆效应（shape memory effect，SME）。

3.2.1 形状记忆合金的分类及制备方法

(1) 形状记忆合金的分类

形状记忆合金主要有以下两种分类方法。

① 按形状记忆合金元素分类。

迄今为止发现的形状记忆合金体系有：Au-Cd、Ag-Cd、Cu-Zn、Cu-Zn-Al、Cu-Zn-Sn、Cu-Zn-Si、Cu-Zn-Ga、In-Ti、Ti-Al、Ni-Ti、Ti-Ni-Pd、Ti-Nb、U-Nb、Fe-Pt、Fe-Mn-Si 等 20 余种。主要可以分为 Ni-Ti 基形状记忆合金、Cu 基形状记忆合金、Fe 基形状记忆合金、Cd 基形状记忆合金以及 Nb 基形状记忆合金，如表 3-1 所示。

表 3-1 基体与其对应的形状记忆合金体系表

基体	形状记忆合金
Ni-Ti	Ni-Ti-Al、Ti-Ni-Pd
Cu	Cu-Zn、Cu-Zn-Al、Cu-Zn-Sn、Cu-Zn-Si、Cu-Zn-Ga
Fe	Fe-Pt、Fe-Mn-Si
Cd	Au-Cd、Ag-Cd
Nb	U-Nb

最为常见的是 Ni-Ti 基、Cu 基与 Fe 基的形状记忆合金，其中 Cu 基与 Fe 基形状记忆合金与 Ni-Ti 基形状记忆合金相比，生产成本较低，但这两种合金分别存在一些缺点。Cu 基形状记忆合金晶粒较为粗大，综合力学性能较差且形状记忆效应不稳定；Fe 基形状记忆合金虽易于加工、可焊性好，但 M_s（奥氏体转变为马氏体的起始温度）点较低且具有明显的滞后现象，因而限制了其在工业上的应用。Ni-Ti 基形状记忆合金虽然生产成本高，但是其综合力学性能优秀，除具有形状记忆功能外，还具有耐磨损、耐腐蚀、高阻尼和超弹性等优异特点，其主要特点如下：

a. 具有双程形状记忆效应，在多次循环后，其形状记忆效应仍然很好；

b. 当阻止它回复到形状记忆状态时，会产生很大的回复应力（达 $60kg/mm^2$）；

c. 具有很高的强度、很好的塑性、很长的疲劳寿命及很高的耐蚀性，即使在腐蚀性环境中使用也不需要表面处理和防护；

d. 具有很强的阻尼特性，比普通的弹簧高 10 倍；

e. 具有很敏感的电阻率、磁力特性；

f. 在温度可变化范围内其物理特性变化较大，如弹性模量在温度变化范围内可变化范围为 8 倍，屈服点可变化范围为 10 倍。

由于以上特点，在软体机器人领域中多采用 Ni-Ti 基的形状记忆合金。

② 按形状记忆效应分类。

SMA 按照形状记忆效应分类，可分为：单程记忆效应合金、双程记忆效应合金与全程记忆效应合金。

形状记忆合金在较低的温度下变形，加热后可回复变形前的形状，这种只在加热过程中存在的形状记忆现象称为单程形状记忆效应。双程形状记忆效应是指形状记忆合金能在加热时恢复高温相形状，冷却时能恢复低温相形状的现象。全程形状记忆效应是指形状记忆合金加热时恢复高温相形状，冷却时变为形状相同而取向相反的低温相形状。三种形状记忆效应如图 3-21 所示。

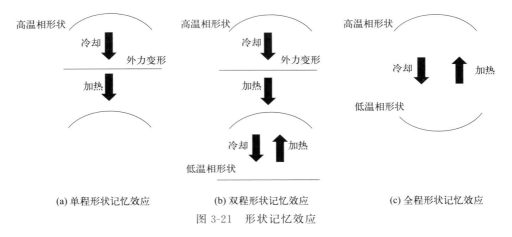

(a) 单程形状记忆效应　　　(b) 双程形状记忆效应　　　(c) 全程形状记忆效应

图 3-21　形状记忆效应

（2）Ni-Ti 基形状记忆合金的制备方法

常见的 Ni-Ti 基形状记忆合金的制备方法有熔炼法、粉末冶金法。

① 熔炼法　在采取熔炼法制备 Ni-Ti 基形状记忆合金时，由于合金中存在大量的活性元素 Ti，易与 C、O、N 等元素进行反应，故需要严格控制熔炼时的气体环境与熔炼的器具，通常采用真空感应熔炼工艺进行制备。熔炼完成后对合金进行退火、保温、冷却等热处理，具体温度与合金中各元素的比例有关，具体数值参考《镍钛铌形状记忆合金棒材规范》（GJB 8620—2015）。

② 粉末冶金法　使用粉末冶金法是为了制备具有最终形状、不需要进行切割加工的 Ni-Ti 基形状记忆合金产品。其中有两种方法均可进行制备：一是利用纯金属粉末进行制备，将纯金属粉末进行混合、压制、烧结，但不可避免会存在成分不均匀的缺点；二是利用合金粉末进行制备，这种制备方法能进一步提高成分的均匀性。这两种方法制备的合金都能具备形状记忆效应，但是第一种方法成分不均匀的缺点，会导致无法在制备时就能确定成品合金的相变温

度，而第二种制备方法能精确控制成品合金的相变温度。

3.2.2　形状记忆合金的致动原理

形状记忆合金其致动原理是形状记忆效应，形状记忆效应的本质为马氏体相变及其逆相变，其具体相变过程为：在马氏体状态下产生的一定的形状变形，当外界温度有所提升且高于奥氏体开始相变点 A_s 时，会回复为原母相的形状，如图 3-22 所示。

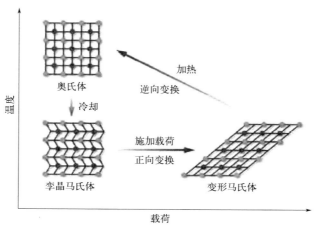

图 3-22　形状记忆效应原理图

3.2.3　典型形状记忆合金致动软体机器人及其应用

以形状记忆合金为驱动器的软体机器人，大部分是利用 SMA 结合软结构对生物进行仿生。根据其驱动器结构的不同，主要分为两类：附着式 SMA 驱动器、嵌入式 SMA 驱动器。

（1）附着式 SMA 驱动器

附着式 SMA 驱动器是指 SMA 附着在一个连续可变形结构上，并固定在两个或多个点上。在这几个点之间，SMA 的线性变形产生平面外变形。目前，金属网可变形结构和聚合物可变形结构常用于附着式 SMA 驱动器的制作。其中金属网可变形结构的优点在于，其结构是一种完全中空的结构，类似于人体的骨骼结构。聚合物可变形结构的优势在于，结构本身能够自我回复变形前的形状，并且在保持柔性的同时也能保持一定硬度。

以金属网可变形结构作为基体 ［图 3-23(a)］，研究人员们设计出了多款软体机器人。美国麻省理工学院（MIT）的仿生机器人实验室（Biomimetic

Robotics Lab）开发出了一种名为"网虫（Meshworm）"的蠕动型机器人，该机器人轴向的 SMA 弹簧可以使机器人缩短或弯曲，而周向的 SMA 弹簧可以使机器人周向变小、轴向变长，如图 3-23（b）所示。圣安娜高等学校生物机器人研究所开发了一种仿生章鱼的柔软机器人手臂。在这款机器人的设计中，利用电机驱动电缆使结构实现弯曲变形，横向放置的 SMA 弹簧用于伸缩章鱼臂的横截面，实现机械臂的伸长或其他局部变形，如图 3-23（c）所示。

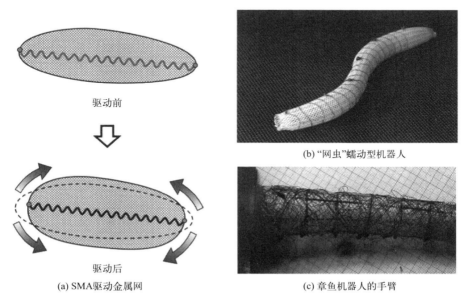

图 3-23 金属网可变形结构 SMA 驱动器及其机器人应用

当基体是金属网可变形结构时，金属网的线性收缩导致其纵向膨胀。而基体是聚合物可变形结构时，与金属网可变形结构相比，其纵向膨胀程度较小。Menciassi 等在人工蚯蚓机器人中使用了硅酮作为基体，SMA 弹簧附着在硅酮外壳的中心，通过弹簧的纵向收缩带动机器人的运动。塔夫斯大学一研究团队开发的仿生毛虫软体机器人，通过将形状记忆合金弹簧安装在硅胶基体的底部以实现驱动，通过周期性地加热形状记忆合金弹簧，仿生毛虫软体机器人能够实现弯曲爬行与翻滚等运动，如图 3-24（a）所示。中国科学技术大学的 Mao 等人设计了一种具有多个肢体的海星机器人，SMA 弹簧从每个肢体的顶端连接到机器人的中心部分。在这个机器人中，驱动 SMA 弹簧会产生肢体的弯曲，而弯曲的方向取决于不同肢体的不同结构，如图 3-24（b）所示。塔夫斯大学的神经力学和仿生装置实验室设计了一系列受毛毛虫启发的软体机器人，SMA 弹簧驱动毛毛虫和蠕虫产生变形、爬行、卷曲成轮子进行滚动等运动，如图 3-24（c）所示。

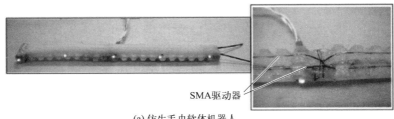

(a) 仿生毛虫软体机器人

(b) 海星软体机器人

(c) SMA 弹簧驱动软体机器人

图 3-24　聚合物可变形结构 SMA 驱动机器人

除了常见的金属网可变形结构和聚合物可变形结构作为基体，研究人员还设计了一种特殊的结构，实现了 SMA 驱动的软体滚动机器人，其滚动模式如图 3-25 所示。首先驱动器使软体机器人产生变形，重心偏移，产生翻转力矩，驱动机器人向前滚动，最后变形回复，开始下一个滚动周期。

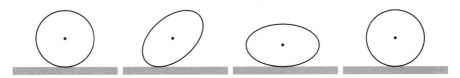

图 3-25　软体滚动机器人的滚动模式

许红伟等人利用形状记忆合金设计了圆形滚动软体机器人，其基本结构如图 3-26（a）所示。该机器人通过内部的八根形状记忆合金弹簧受热收缩来控制形状，进而控制其重心的位置，从而实现滚动。Nader A. Mansour 等人设计了一种柔顺闭链滚动机器人，其结构如图 3-26（b）所示。该机器人通过两板之间的形状记忆合金来改变两板之间角度，从而改变整个机器人的形态，改变重心以实现滚动。

（2）嵌入式 SMA 驱动器

将 SMA 固定在聚合物基体中的另一种方法是将 SMA 完全嵌入聚合物中，使 SMA 整个被包裹在聚合物基体中。这是通过聚合物基体和 SMA 表面黏合

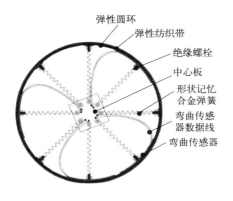

(a) 圆形软体机器人总体结构

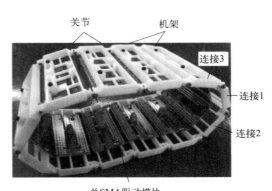

(b) 柔顺闭链滚动机器人

图 3-26　SMA 驱动的滚动软体机器人

在一起来实现的。Sun 等人首先发现了 SMA 与聚合物基体耦合模型的线性和弯曲变形矩阵。Wang 等人基于这一模型，设计了矩形弯曲驱动器，在驱动器的每个驱动方向上使用一根 SMA 金属丝，能够产生各个方向的变形。这种弯曲结构及其基本运动如图 3-27(a) 所示。弗吉尼亚理工大学的生物灵感材料与设备实验室和能源收集材料与系统中心通过结合 SMA 金属线、一种薄金属板、硅树脂基质设计了基于 SMA 的弯曲驱动器，然后将其应用于仿生水母软体机器人的设计开发，如图 3-27(b) 所示。首尔大学的创新设计和集成制造实验室（IDIM）使用 SMA 丝与层状聚二甲基硅氧烷（PDMS）制作了一款尺蠖螺旋机器人，该机器人通过柔软的可变形脚进行线性移动和转向，如图 3-27(c) 所示。

　　能实现其他变形模式的嵌入式 SMA 驱动器也被设计出来驱动软体机器

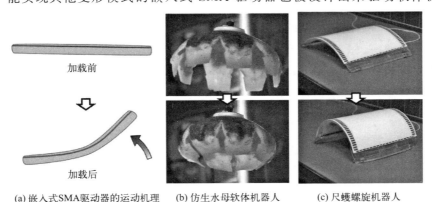

(a) 嵌入式SMA驱动器的运动机理　　(b) 仿生水母软体机器人　　(c) 尺蠖螺旋机器人

图 3-27　嵌入式 SMA 驱动器运动机理及其机器人应用

人。在聚合物基体中加入一个支架，使基体具有各向异性，从而产生弯扭变形。这种结构已被应用到仿海龟软体机器人中，它的鳍状肢集成了多种类型的支架来产生复杂的仿生运动。Song 等人设计了一种具有两种游泳步态的仿海龟软体机器人，但其运动的原理仍跟辐鳍鱼一样，通过身体两侧的鱼鳍进行驱动，如图 3-28(a) 所示。Rodrigeet 等人设计了一种腕式驱动器，该驱动器具有刚性、柔顺性，并能够通过 SMA 驱动特殊设计的复合材料产生较大的扭转变形，如图 3-28(b) 所示。

 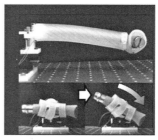

(a) 仿海龟软体机器人　　　　(b) 腕式驱动器

图 3-28　能实现其他变形模式的嵌入式 SMA 驱动器的应用

(3) 可折叠天线

SMA 材料不仅能与可变形结构结合起来制成功能不同的驱动器，还可以单独应用于航空航天领域。在航空航天领域，探测器天线的重量、体积、可携带性都是探测器发展的关键点。图 3-29 所示的是 4D 打印的 Ni-Ti 形状记忆合金人造卫星天线的变形过程，当卫星在地面尚未发射时，将用形状记忆合金丝4D 打印成型的天线在冷却条件下揉成团状，等卫星发射后进入太空，天线受到太阳的辐射而温度升高，即可回复到原来的初始形状。这种 4D 打印的折叠式可展开天线可具备复杂的空间结构，其性能能够人为定量控制，这是传统制造工艺无法实现的。并且天线可以在发射前以折叠的形式放在卫星舱体内，使得卫星的空间可以得到很好的利用；关键是相对于传统卫星的太阳能电池板和天线，折叠式天线还具备体积小、重量轻的优点。

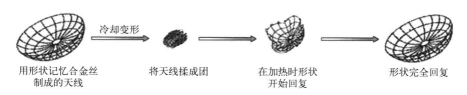

图 3-29　形状记忆合金丝制成的人造卫星天线

参 考 文 献

［1］ 李进，王娟，石红，等．多功能形状记忆聚合物的研究进展［J］．材料保护，2013，46（S1）：73-77.

［2］ Qi X D，Jing M F，Liu Z W，et al. Microfibrillated cellulose reinforced bio-based poly（propylene carbonate）with dual-responsive shape memory properties［J］．RSC Advances，2016，6（9）：7560-7567.

［3］ 石田正雄．形状记忆树脂［J］．配管技术，1989，31（8）：112.

［4］ Meng H，Li G Q. A Review of Stimuli-responsive Shape Memory Polymer Composites［J］．Polymer，2013，54（9）：2199-2221.

［5］ Huang W M，Zhao Y，Wang C C，et al. Thermo/chemo-responsive shape memory effect in polymers：A sketch of working mechanisms，fundamentals and optimization［J］．Journal of Polymer Research，2012，19（9）：3.

［6］ 李鹏．形状记忆聚合物薄膜的制备及其性能研究［D］．哈尔滨：哈尔滨工业大学，2015.

［7］ Leng J S，Lan X，Liu Y J，et al. Shape-memory polymers and their composites：stimulus methods and applications［J］．Progress in Materials Science，2011，56（7）：1077-1135.

［8］ 苏晓斌，王颖钰，彭雄奇．热驱动形状记忆聚合物及其复合材料热力学本构模型［J］．塑性工程学报，2020，27（05）：88-102.

［9］ Yang Y，Chen Y H，Wei Y，et al. 3D printing of shape memory polymer for functional part fabrication［J］．The International Journal of Advanced Manufacturing Technology，2016，84（9-12）：2079-2095.

［10］ Liu T Z，Zhou T Y，Yao Y T，et al. Stimulus methods of multi-functional shape memory polymer nanocomposites：A review［J］．Composites Part A：Applied Science and Manufacturing，2017，100：20-30.

［11］ Leng J S，Lan X，Liu Y J，et al. Electroactive thermoset shape memory polymer nanocomposite filled with nanocarbon powders［J］．Smart Materials and Structures，2009，18（7）：074003.

［12］ Xia Y L，He Y，Zhang F H，et al. A Review of Shape Memory Polymers and Composites：Mechanisms，Materials，and Applications［J］．Advanced Materials，2020：e2000713.

［13］ 郑曙光，朱光明，张磊．磁致形状记忆聚合物的研究进展［J］．中国塑料，2012，26（01）：12-17.

［14］ Bai Y K，Zhang J W，Wen D D，et al. Fabrication of remote controllable devices with multistage responsiveness based on a NIR light-induced shape memory ionomer containing various bridge ions［J］．Journal of Materials Chemistry A，2019，7（36）：20723-20732.

［15］ 王英超．带离子溶液驱动的形状记忆聚合物本构方程研究［D］．哈尔滨：哈尔滨工业大学，2017.

［16］ 赵建宝，吴雪莲，戈晓岚，等．形状记忆聚合物及其应用前景［J］．材料导报，2015，29（21）：75-80.

［17］ 李文兵．多刺激响应形状记忆聚合物复合材料的性能研究［D］．哈尔滨：哈尔滨工业大

学，2019.

[18] Habault D，Zhang H J，Zhao Y. Light-Triggered Self-Healing and Shape-Memory Polymers ［J］. Chemical Society Reviews，2013，42：7244-7256.

[19] 郑宁，黄银，赵骞，等．面向柔性电子的形状记忆聚合物［J］. 中国科学：物理学　力学　天文学，2016，46（04）：8-17.

[20] 温红梅，修雪颖，和晗，等．形状记忆高分子材料的发展及应用概况［J］. 特种橡胶制品，2018，39（05）：64-68.

[21] 范国超，王格格，陈姿含，等．形状记忆聚合物的研究与发展［J］. 包装工程，2020，41（13）：124-130.

[22] 庞兴健，杨剑冰．浅述智能材料的应用和发展方向［J］. 化工管理，2018（25）：53-54.

[23] Besse N，Rosset S，Zarate J J，et al. Flexible Active Skin：Large Reconfigurable Arrays of Individually Addressed Shape Memory Polymer Actuators ［J］. Advanced Materials Technologies，2017，2（10）：1700102-1700113.

[24] Chen T，Bilal O R，Shea K，et al. Harnessing bistability for directional propulsion of soft，untethered robots ［J］. Proceedings of the National Academy of Sciences of the United States of America，2018，115（22）：5698-5702.

[25] 令狐昌鸿，张顺，宋吉舟．形状记忆聚合物万能抓手［J］. 物理，2020，49（08）：545-547.

[26] Cooper C B，Nikzad S，Yan H P，et al. High energy density shape memory polymers using strain-induced supramolecular nanostrauctures ［J］. ACS Central Science，2021，7（10）：1657-1667.

[27] Bodaghi M，Liao W H. 4D printed tunable mechanical metamaterials with shape memory operations ［J］. Smart Materials and Structures. 2019，28（4）：045019.

[28] Teoh J E M，An J，Feng X F，et al. Design and 4D printing of cross-folded origami structures：A preliminary investigation ［J］. Materials，2018，11（3）：376.

[29] Wei H Q，Zhang Q W，Yao Y T，et al. Direct-write fabrication of 4D active shape-changing structures based on a shape memory polymer and its nanocomposite ［J］. ACS Applied Materials & Interfaces，2017，9：876-883.

[30] Zarek M，Mansour N，Shapira S，et al. 4D printing of shape memory-based personalized endoluminal medical devices ［J］. Macromolecular Rapid Communications，2017，38：1600628.

[31] Wang H L，Wang Y M，Tee B C K，et al. Shape-Controlled，Self-Wrapped Carbon Nanotube 3D Electronics ［J］. Advanced Science，2015.

[32] Zarek M，Layani M，Cooperstein I，et al. 3D printing of shape memory polymers for flexible electronic devices ［J］. Advanced Materials，2016，28：4449-4454.

[33] Jin B J，Song H J，Jiang R Q，et al. Programming a crystalline shape memory polymer network with thermo-and photo-reversible bonds toward a single-component soft robot ［J］. Science Advances，2018，4：3865.

[34] Behl M，Kratz K，Zotzmann J，et al. Reversible bidirectional shape-memory polymers ［J］. Advanced Materials，2013，25（32）：4466-4469.

[35] Zhou J，Turner S A，Brosnan S M，et al. Shapeshifting：Reversible Shape Memory in

Semicrystalline Elastomers [J]. Macromolecules, 2014, 47 (5): 1768-1776.

[36] Huang W M, Ding Z, Wang C C, et al. Shape memory materials [J]. Materials Today, 2010, 13 (7-8): 54-61.

[37] Doraiswamy S, Rao A, Srinivasa A R. Combining thermodynamic principles with preisach models for superelastic shape memory alloy wires [J]. Smart materials and Structures, 2011, 20 (8): 085032.

[38] Ölander A. An electrochemical investigation of solid cadmium-gold alloys [J]. Journal of the American Chemical Society, 1932, 54: 3819-3833.

[39] Follador M, Cianchetti M, Arienti A, et al. A general method for the design and fabrication of shape memory alloy active spring actuators [J]. Smart Materials and Structures, 2012, 21: 115029.

[40] An S M, Ryu J, Cho M, et al. Engineering design framework for a shape memory alloy coil spring actuator using a static two-state model [J]. Smart Materials and Structures, 2012, 21: 055009.

[41] Gao X K, Zhang Y S, Yang Y S, et al. The Study on the Thermal Deformation Mechanism of NiTi Shape Memory Alloy [J]. World Nonferrous Metals, 2020, 5: 202-204.

[42] Peng M, Ma Y, Deng C Y, et al. Molecular Dynamics Simulation of Thermoelastic Martensitic Transformation in NiTi Shape Memory Alloy [J]. Journal of Materials Science & Engineering, 2020, 189 (38): 840-846.

[43] Lin Y, Xie Z, Van Humbeeck, et al. Asymmetry of stress-strain curves under tension and compression for NiTi shape memory alloys [J]. Acta Materialia, 1998, 46 (12): 4325-4338.

[44] Xu H W. Research on a Circular Soft Robot Actuated by SMA Springs [D]. Shanghai: Shanghai Jiao Tong University, 2017.

[45] Kim S, Laschi C, Trimmer B. Soft robotics: a bioinspired evolution in robotics [J]. Trends in Biotechnology, 2013, 31 (5): 287-294.

[46] Yin Y, Xu Y T, Shen J, et al. Review on the Research Status of Ternary NiTi Shape Memory Alloy [J]. Materials Reports, 2006, 20 (12): 70-74.

[47] Barbarino S, Pecora R, Lecce L, et al. A novel SMA-based concept for airfoil structural morphing [J]. Journal of Materials Engineering and Performance, 2009, 18 (5-6): 696-705.

[48] Rodrigue H, Wang W, Han M W, et al. An Overview of Shape Memory Alloy-coupled Actuators and Robots [J]. Soft robotics, 2017, 4 (1): 3-15.

[49] Kim S, Hawkes E, Choy K, et al. Micro artificial muscle fiber using NiTi spring for soft robotics [C]//2009 IEEE/RSJ International Conference on Intelligent Robots and Systems. IEEE, 2009: 2228-2234.

[50] Seok S, Onal C D, Wood R, et al. Peristaltic locomotion with antagonistic actuators in soft robotics [C]//2010 IEEE International Conference on Robotics and Automation. IEEE, 2010: 1228-1233.

[51] Seok S, Onal C D, Cho K J, et al. Meshworm: a peristaltic soft robot with antagonistic nickel titanium coil actuators [J]. IEEE/ASME Transactions on Mechatronics, 2012, 18 (5): 1485-

1497.

[52] Cianchetti M，Calisti M，Margheri L，et al. Bioinspired locomotion and grasping in water：the soft eight-arm OCTOPUS robot [J]. Bioinspiration & Biomimetics，2015，10（3）：035003.

[53] Koh J S，Jung S P，Wood R J，et al. A jumping robotic insect based on a torque reversal catapult mechanism [C]//2013 IEEE/RSJ International Conference on Intelligent Robots and Systems（IROS），Tokyo，Japan，2013.

[54] Lin H T，Leisk G G，Trimmer B. GoQBot：a caterpillar-inspired soft-bodied rolling robot [J]. Bioinspiration & Biomimetics，2011，6（2）：026007.

[55] Mao S X，Dong E B，Jin H，et al. Gait study and pattern generation of a starfish-like soft robot with flexible rays actuated by SMAs [J]. Journal of Bionic Engineering，2014，11：400-411.

[56] Trimmer B A，Lin H T，Baryshyan A，et al. Towards a biomorphic soft robot：design constraints and solutions [C]//2012 4th IEEE RAS/EMBS International Conference on Biomedical Robotics and Biomechatronics，Rome，Italy，2012.

[57] Umedachi T，Vikas V，Trimmer B A. Highly deformable 3-D printed soft robot generating inching and crawling locomotions with variable friction legs [C]//2013 IEEE/RSJ International Conference on Intelligent Robots and Systems（IROS），Tokyo，Japan，2013.

[58] Mansour N A，Jang T，Baek H，et al. Compliant closed-chain rolling robot using modular unidirectional SMA actuators [J]. Sensors and Actuators A：Physical，2020，112024.

[59] Sun G，Sun C T. One-dimensional constitutive relation for shape-memory alloy-reinforced composite lamina [J]. Journal of materials science，1993，28：6323-6328.

[60] Sun G，Sun C T. Bending of shape-memory alloy-reinforced composite beam [J]. Journal of materials science，1995，30：5750-5754.

[61] Wang G P，Shahinpoor M. Design，prototyping and computer simulations of a novel large bending actuator made with a shape memory alloy contractile wire [J]. Smart Materials and Structures，1997，6：214-221.

[62] Icardi U. Large bending actuator made with SMA contractile wires：theory，numerical simulation and experiments [J]. Composites Part B：Engineering，2001，32：259-267.

[63] Villanueva A，Smith C，Priya S. A biomimetic robotic jellyfish（Robojelly）actuated by shape memory alloy composite actuators [J]. Bioinspiration & Biomimetics，2011，6：036004.

[64] Villanueva A，Vlachos P，Priya S. Flexible margin kinematics and vortex formation of Aurelia Aurita and Robojelly [J]. PLoS One，2014，9：e98310.

[65] Wang W，Lee J Y，Rodrigue H，et al. Locomotion of inchworm-inspired robot made of smart soft composite（SSC）[J]. Bioinspiration & Biomimetics，2014，9：046006.

[66] Wang W，Rodrigue H，Lee J Y，et al. Smart phone robot made of smart soft composite（SSC）[J]. Composites Research，2015，28：52-57.

[67] Han M W，Rodrigue H，Cho S，et al. Design and performance evaluation of soft morphing car-spoiler [C]// ASME 2014 International Design Engineering Technical Conference，Buffalo，New York，2014.

[68] Ahn S H，Lee K T，Kim H J，et al. Smart soft composite：An integrated 3D soft morphing

structure using bend-twist coupling of anisotropic materials [J]. International Journal of Precision Engineering and Manufacturing, 2012, 13: 631-634.

[69] Kim H J, Song S H, Ahn S H. A turtle-like swimming robot using a smart soft composite (SSC) structure [J]. Smart Materials and Structures, 2012, 22: 014007.

[70] Rodrigue H, Wei W, Bhandari B, et al. Fabrication of wrist-like SMA-based actuator by double smart soft composite casting [J]. Smart Materials and Structures, 2015, 24: 125003.

[71] Lee M, Lee S, Lim S. Electromagnetic Control by Actuating Kirigami-Inspired Shape Memory Alloy: Thermally Reconfigurable Antenna application [J]. Sensors, 2021, 21 (9): 3026.

第**4**章
离子聚合物致动软体机器人

离子聚合物是一种涉及离子迁移或扩散的材料，由两种电极和电解质组成。离子聚合物的激活可以通过较低的电压来实现，一般会诱导产生弯曲位移。离子聚合物的常见实例有离子液凝胶、离子聚合物-金属复合材料等。离子聚合物的激活电压虽小，但其很难保持在一个恒定的位置。离子聚合物在受到电流刺激时，能够发生较大变形，可用作致动器；而在其表现出相反的效果时（发生变形时可产生电信号），可用作传感器。用作传感器件和致动器件时，其中离子聚合物-金属复合材料具有如下优点：①所需的驱动电压低（<5V）；②低功耗；③响应速度快；④力学和化学性能稳定；⑤柔性大变形；⑥可以在水中使用。本章主要介绍离子聚合物在软体机器人研究中作为致动器使用的致动机理与应用实例。

与传统的智能材料形状记忆合金和压电陶瓷相比，离子聚合物材料作为一种新型的智能柔性材料在低电压驱动下具有变形量和输出力较大、工作噪声低、响应速度快、安全性能高、重量轻、能量转换效率高等优点，被广泛应用于航天设备、生物工程、柔性机械致动器、医用器械等领域。

4.1 离子聚合物分类及致动原理

4.1.1 离子聚合物分类

离子聚合物常见的实例有离子液凝胶（ionogel，IG）、离子聚合物-金属复合材料（ionic polymer metal composites，IPMC）。其中，离子液凝胶作为一种新型的电致动柔性材料，在宏观尺度上具有固体自束缚特征，微观尺度上具有液体流动性，可用于软体机器人的制造。离子聚合物-金属复合材料是一种电致动的智能高分子材料，具有良好的电场响应性和耦合性，能够在低电压下实现大变形。

4.1.2　离子液凝胶致动原理

离子液凝胶内部包含可自由流动的离子液体，是一种新型高性能离子型电活性聚合物材料（electro-active polymer，EAP），具有变形大、生物相容性好、响应迅速、功耗低、质量小、柔韧性强、稳定性高等众多优良特性。该材料可以通过热压、光固化等方法加工成型，其独特的响应性质在仿生机器人领域应用潜力巨大。

离子液凝胶柔性致动器的致动原理为多物理场耦合作用的效果，目前并无成熟的方法用以计算其变形行为，较为认可的机理为凝胶内部自由态离子在静电场作用下发生迁移，因阴阳离子体积占比差距较大而引起正负极膨胀或收缩。由于热膨胀效应与离子液凝胶正负极溶胀行为类似，因此可用热膨胀模型代替其力电耦合效应。

离子液凝胶是导电聚合物，在聚合物基质中含有离子液体。由于离子液体完全由阳离子和阴离子组成，具有熔点低、挥发性小、不易燃烧、热稳定性和化学稳定性好、离子导电性高等特点。由于这些独特的特性，含有离子液体的离子液凝胶可以用于空气中低压驱动的执行器，而不会出现传统离子液中出现的蒸发问题。

离子液凝胶致动器由一个离子液凝胶层和两个电极层组成，通过施加电压驱动两端的电极，图 4-1 为典型离子液凝胶致动器的原理图。虽然离子液凝胶致动器的致动机理尚未阐明，但阳极和阴极界面的电双层容量的差异可能是驱动力的来源。具体来说，在离子液凝胶膜中，阴离子和阳离子最初是随机分布的 ［图 4-1(a)］。当施加电压时，阴离子和阳离子分别移动到阳极和阴极，在离子液凝胶和电极之间的每个界面产生电双层 ［图 4-1(b)］。阳极和阴极电双层电容之间的差异导致悬臂式致动器向阳极弯曲。

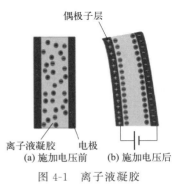

图 4-1　离子液凝胶
致动器的致动机理

4.1.3 离子聚合物-金属复合材料致动原理

典型的 IPMC 致动器把贵金属镀在聚电解质膜（通常是 Nafion 或 Flemion）两侧，并与特定的反离子中和，平衡负离子的电荷共价固定在脊骨膜上。在外加电压和静电相互作用下，IPMC 内部水合阳离子的传输引起了 IPMC 片的弯曲。

目前国内外学者研究的 IPMC 通常都是以质子交换膜为基膜，通过化学镀的方法使铂、金、银和钯等贵金属沉积在其两侧作为电极，形成三明治结构，是"人工肌肉"的一种。目前应用最广泛的质子交换膜为全氟磺酸类。

IPMC 结构简单，但是其致动原理却很复杂，涉及电能、机械能、化学能的相互转换，因此人们对于其真正的致动机理尚未有明确且定量的认识。目前人们通常认为的致动机理如下：

以质子交换型树脂基 IPMC 为例，其常见的基底膜 Nafion117 由 DuPont（杜邦）公司生产，是一种全氟磺酸质子交换膜，其质子传导率较高，可吸收大量极性溶剂（如水等）。全氟磺酸膜内部具有固定的阴离子带电网链，可移动的阳离子能通过该网链扩散或迁移。如图 4-2(a) 所示，在施加电场前，其内部各种离子在材料中均匀分布。当给 IPMC 膜的两面施加小电压后，就会在其内部垂直于膜的方向上产生一个电场，在电场力的作用下，膜片内部的可移动水合阳离子在静电力驱动下会从阳极迁移到阴极，使得膜片靠阴极的一面发生膨胀，靠阳极的一面发生收缩，如图 4-2(b) 所示。由于其内部离子和分子的分布不均匀，从而在宏观上产生该材料向阳极方向的弯曲变形。该致动机理至今被大多数学者所认可。

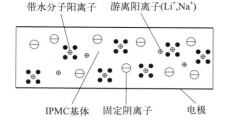

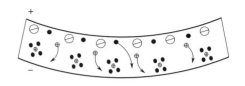

(a) IPMC材料施加电场前的电荷分布　　(b) IPMC材料施加电场后的电荷分布及变形

图 4-2　IPMC 材料施加电压前后离子迁移情况对比

IPMC 是一种主动致动器，其在施加低电压下表现出大的变形和低阻抗。然而，传统的水基 IPMC 在空气中操作电压大于 1.23V 时（水的电解启动时），溶剂含量会显著降低。由于其重量轻，在低驱动电压下可产生较大的弯曲变形，因此被认为是最有应用前景的智能材料之一。IPMC 在潮湿的环境中运行最好，也可以作为自封装驱动器的执行器在干燥的环境中运行。它们被建模为电容式和电阻式元件致动器，其行为类似于生物肌肉，为生物力学和仿生学应用中的人工肌肉提供了一种有吸引力的致动手段。

IPMC 可在低至$-100℃$的温度下响应，但其电阻随温度的降低而增大。在较低的温度下，IPMC 活性降低，并显示较小离子电流活性。增加电压可在一定程度上补偿效率损失。

当施加的信号频率发生变化时，位移也会发生变化，直到在一个称为谐振频率的临界频率下观察到最大变形时，超过该频率执行器的响应就会减弱。虽然与其他人工肌肉材料相比，IPMC 的显著特点是驱动电压低且有大幅值的位移与变形量，并且其质轻、密度低，制备工艺相对来说较简单和易于微型化。但是 IPMC 也有一些缺点，比如输出力小、对水的依赖性大、基体中的水在工作中极易挥发、目前还未有统一的制备工艺等。因此国内外很多研究者通过改性或者封装工艺以及其他手段来提高其锁水性，通过溶液浇铸增加基底膜厚度的方法来提高其输出力等。但是其制造成本高，且多片 IPMC 同时控制致动用于水下仿生软体机器人方面的研究相对来说还比较少，因此这两点都值得去研究。

4.2　离子聚合物致动器制备方法

4.2.1　离子液凝胶致动器制备方法

IG 的制备过程是一个离子液体负载化的过程。所谓离子液体负载化，是指通过物理或化学方法将离子液体负载（又称固定）到固态载体上，从而使离子液体由液态变为"固态"或者使载体具有离子液体的特性。本节选用的离子液体为 1-丁基-3-甲基咪唑四氟硼酸盐（1-butyl-3-methylimidazolium tetrafluoroborate，$BMIMBF_4$）。离子液体载体需要具有相连通的多孔结构、较大的比表面积和孔隙率，以及良好的机械强度和电化学稳定性。因此选用甲基丙烯酸-2-羟基乙酯（2-hydroxyethyl methacrylate，HEMA）制备载体。这种材料为一种无色透明液体，溶于水，低毒性。HEMA 非常容易聚合，在紫外光下即可发生聚合反应，形成具有多孔结构的聚甲基丙烯酸-2-羟基乙酯（poly hydroxyethyl methacrylate，PHEMA）。该材料具有良好的生物相容性，被广泛用于软骨移植、药物缓释、接触镜制造等方面。

IG 的制备原理如图 4-3（a）所示，将 BMIMBF$_4$、HEMA 以及氧化锆（ZrO$_2$）组成的均匀混合溶液在紫外光照射条件下由诱发剂 2,2-二乙氧基苯乙酮（2,2-diethoxy acetophenone，DEAP）引发聚合反应，聚合物基体相互交联，形成了网状多孔结构。其中，ZrO$_2$ 具有增强凝胶机械强度的功能，增加其含量可提高 IG 强度。图 4-3（b）所示为离子液体成胶前后的形态对比，右侧为液相形态，左侧为聚合后的固相形态。从图 4-3（b）中可以看出，成胶前离子液体混合溶液流动性良好，成胶后其具有了固体性质，依然保持着圆柱体的形状。图 4-3（c）所示为致动器制作流程，最左侧为 IG 样本，由于渗透作用，其表面覆盖了一层 BMIMBF$_4$。因为离子液体具有一定的黏性，所以活性炭电极可以直接贴合在凝胶两侧表面，最后将金箔均匀地贴在活性炭层表面，得到基于 IG 的软体致动器。

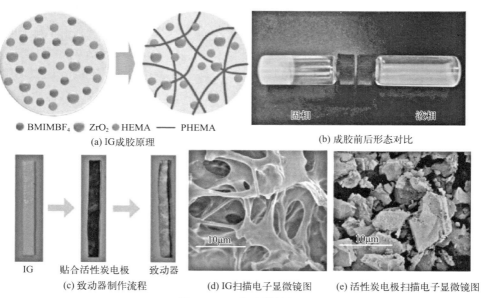

● BMIMBF$_4$　● ZrO$_2$　● HEMA　—— PHEMA
(a) IG成胶原理　　　　　　　　　　(b) 成胶前后形态对比

IG　　贴合活性炭电极　　致动器
(c) 致动器制作流程　　(d) IG扫描电子显微镜图　　(e) 活性炭电极扫描电子显微镜图

图 4-3　IG 致动器制备

IG 内部微观结构及形貌特征会影响离子的迁移速率或分布，从而对致动器性能产生重大影响，如孔隙尺寸可能会影响致动器末端速度或位移。以一片 IG 薄膜为例，使用蒸馏水置换其内部离子液体，再经过冻干处理，对其断面形貌进行表征研究，放大倍数为 5000 倍，如图 4-3（d）所示。图 4-3（d）中离子液体载体 PHEMA 的空间结构为典型的三维多孔网状结构，其基体相互交联构成了三维支撑骨架，具有良好的机械强度和自修复性能。该结构孔隙平均直径为十几微米，远大于离子液体中自由离子的直径（纳米级）。因此，$BMIM^+$ 与 BF_4^- 可以在载体内部自由迁移。此外，活性炭电极层的内部微观结构对致动器性能也具有重大影响，直接决定了致动器在电激励作用下的变形程度与电化学性能。以一片活性炭电极为例，通过扫描电子显微镜对其断面形貌进行表征研究，如图 4-3（e）所示。图 4-3（e）中活性炭颗粒形状极不规则，尺寸从几微米到几十微米不等，不同尺寸颗粒周围分布着大量微米级的孔隙和裂缝，大大提高了电极层的比表面积，可以有效吸附离子。

与传统的离子型 EAP（如 IPMC）相比，IG 材料避免了热压以及金属镀涂等复杂制备工艺的使用。该材料属于光敏聚合物，有望借助于日益成熟的光刻技术（如 3D 光刻打印）实现宏观或微观尺度的复杂软体机构的批量制备。此外，IG 具有无毒、生物相容性良好的特点，可以应用于生物及医疗领域。

4.2.2 离子聚合物-金属复合材料致动器制备方法

IPMC 的制造首先要选择碱性离子交换聚合物，这种聚合物通常由含有共价键固定离子基团的有机聚合物制造，苯乙烯和二乙烯基苯的共聚物是受欢迎的离子交换材料，因为它们的离子交换能力和吸水性较好。下面介绍常见的离子聚合物-金属复合材料的制备方法。

以 Pt-IPMC 的制备为例。

（1）实验原理

本节所述的主要内容是在杜邦质子交换膜 Nafion117 的两侧，利用化学镀的方法镀上金属铂。主化学镀的还原反应如式（4-1）、式（4-2）、式（4-3）所示。其制备工艺主要是将粗化后的基底膜浸泡于铂氨复合物溶液中，使其吸附 $[Pt(NH_3)_4]^{2+}$，吸附的同时 $[Pt(NH_3)_4]^{2+}$ 会进入膜的表面层，然后利用 $NaBH_4$ 通过还原反应将基底膜所吸附的 $[Pt(NH_3)_4]^{2+}$ 中的 Pt 置换出来，成为纳米级的 Pt 金属颗粒，沉积于膜的两侧，作为材料的表面电极。次化学镀则是直接置换出溶液中 $[Pt(NH_3)_4]^{2+}$ 的 Pt，继续沉积到主化学镀所得的 Pt 表面，增加其厚度。制备好的 IPMC 需要浸泡在锂溶液中，将其中的钠离子置换为锂离子，因为锂离子半径小，所以在材料中能更好地迁移和结合水分子。

$$[Pt(NH_3)_4]^{2+} + 2e^- \longrightarrow Pt + 4NH_3 \tag{4-1}$$

$$NaBH_4 + 8OH^- \longrightarrow BO_2^- + Na^+ + 6H_2O + 8e^- \tag{4-2}$$

$$4[Pt(NH_3)_4]^{2+} + NaBH_4 + 8OH^- \longrightarrow 4Pt + 16NH_3 + NaBO_2 + 6H_2O \tag{4-3}$$

根据以上实验原理来确定最终的实验过程。

（2）膜的前期处理

先将 Nafion 膜裁成 1cm×6.5cm 大小 4 片，然后分别用 800 目和 1000 目的砂纸打磨两面至完全不透明（打磨前后的全氟磺酸膜如图 4-4 所示）；将打磨后的 Nafion 膜放入超声波清洗机内清洗 40min，除去表面杂质；将膜放入 2mol/L 的盐酸溶液中煮 20min，以去除膜内的添加剂和其他离子；将膜用去离子水冲洗除去上一步骤之后表层的酸，在去离子水中煮 30min，除去上一步骤中膜内部的酸。

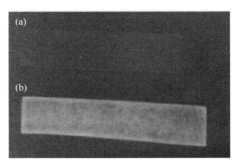

图 4-4　打磨前的全氟磺酸膜（a）和打磨后的全氟磺酸膜（b）

（3）离子吸附

根据每平方厘米膜至少 3mg 的 Pt，计算对应的铂氨复合物为 3.43mg。称取适量铂氨复合物置于干净的烧杯中，加水配置成 2mg/ml 的溶液，然后将 Nafion 膜放入其中浸泡一晚上。离子交换后的 Nafion 膜会变得异常坚硬。

（4）主化学镀

将上一步骤完成后的膜放入 500ml 烧杯中，加入 150ml 水和 1%（质量分数）的硼氢化钠溶液 2ml，然后将烧杯置于水浴锅中，设置温度为 45℃，之后每隔 10min 滴加 2ml 硼氢化钠，共滴加 25 次，滴加 5 次后将温度调至 50℃，滴加 10 次后将温度调至 55℃，滴加 20 次后将温度调至 60℃，再继续滴加 5 次。反应完成后，将所得到的 IPMC 浸泡在 0.12mol/L 的盐酸溶液中 2h。

（5）次化学镀

次化学镀按每平方厘米 1mg Pt 的标准，计算所需的铂氨复合物质量并置于 500ml 烧杯中，加入 150ml 水、2ml 氨水、3ml 盐酸羟胺、2ml 水合肼，放入主化学镀后的 IPMC，将温度调至 45℃，反应 20min。然后每隔 10min 加 2ml 盐酸羟胺、1ml 水合肼。滴加 10 次后将温度调至 55℃，滴加 15 次后将温度调至 60℃ ，再滴加 5 次，一共滴加 20 次。用硼氢化钠溶液来检测反应是否完全，若反应不完全，则溶液显黑色。将以上次化学镀反应重复 4 次，次化学镀完成后的 IPMC 如图 4-5 所示。可以看出，所制得的 Pt-IPMC 表面光滑、平整且无明显折痕，基体表面铂金属的分布致密均匀，颜色明亮且无黑色斑点。据此可以初步判定，通过化学反应，大部分铂离子已经被很好地还原了出来，附着在基体膜的表面。

图 4-5　四次次化学镀后的 Pt-IPMC

（6）离子交换

将四次次化学镀后的样品在 0.1mol/L 的盐酸溶液中煮 20min，去除铵根离子，然后将其浸泡在 2mol/L 氯化锂溶液与 2mol/L 氢氧化锂溶液的混合液中。注意浸泡时间不能太长，否则溶质会从溶液中析出，附着在 IPMC 表面，影响其性能。

4.3　典型离子聚合物致动软体机器人

4.3.1　离子液凝胶致动软体机器人

图 4-6 所示的微夹持器的夹钳结构由一种可光固化的离子液凝胶制成。通

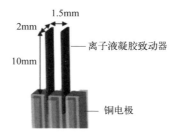

图 4-6　使用两个离子液凝胶致动器的微夹持器原理图

过对夹持器施加低于 ±1.5V 的电压来测试其致动性能,并使用两个离子液凝胶致动器制造了一个微夹钳,此装置可以抓取质量约为 3mg 的物体。图 4-7 为微夹持器夹持一个立方体的示意图。这种可光固化的离子液凝胶可用于制造低致动电压驱动的柔性驱动器。

(a) 施加电压前　　　　　　　　(b) 施加电压后

图 4-7　夹持一个弹性立方体

图 4-8 所示为一种由 5 层结构组成的离子液凝胶柔性致动器,中间具有电活性层,由离子液体凝胶材料组成,用于存储离子液体。封装中间层的外部两层电极层由活性炭制成。其中,活性炭具有高比表面积、高导电性、高密度、强吸附性等特性。当致动器工作时,其一端连接到金属外部电极并被夹具轻微夹住,并且使用导线连接至外部电源。

　☐ 金箔　　　■ 活性炭　　　▨ IG

图 4-8　IG 致动器结构图

图 4-9　离子液凝胶柔性操作手

图 4-9 所示的离子液凝胶柔性操作手由三个离子液凝胶柔性致动器和三个独立的铜电极组成,输入单元由公共电极和三个单独的电极组成。其中,公共电极是铜柱,上端通过夹具固定,铜电极连接到电源的正极和负极。三个离子液凝胶柔性致动器以 120° 的角度均匀分布在公共电极的中心轴周围,弯曲时夹紧物体。独立的铜电极通过绝缘带和致动器固定在公共电极上,离子液凝胶

柔性致动器夹在两个铜电极之间。致动器的总质量为 211mg。在抓取测试中，离子液凝胶柔性操作手可以拾取 105mg 的物体，其负载能力相比图 4-7 所示的微夹持器，有了明显的提升。

目前，同济大学何斌教授及其研究团队通过改变离子液凝胶柔性致动器的长度、宽度、厚度及致动电压等参数，对离子液凝胶柔性致动器的致动性能（自由端挠度）进行了多次试验并记录，并且通过热膨胀理论等效模拟了离子液凝胶致动器的力电耦合效应，计算出其不同尺寸和不同载荷下的等效力电耦合系数，并进行了初步分析和探究。

4.3.2 离子聚合物-金属复合材料致动软体机器人

由于 IPMC 材料致动器具有重量轻、变形量大、驱动电压低和能量转换效率高等优点，具有与人的肌肉相似的特性，因此其作为致动器和传感器存在着巨大的研究和应用价值。

(1) 柔性低阻尼执行器

IPMC 具有重量轻、驱动电压低和柔性好的特质，可以将其制作成机器人的末端执行器。在微操作领域，可以用 IPMC 仿生手夹持重量较轻的物体，实现对物体的抓取与松放；可以把 IPMC 制作成微操作和遥控操作的末端执行器对人体进行微创手术治疗，如清除血管内部异物、输送药物至内脏病变部位，以及切除肠胃等病变部位等。

在仿生机器人的关键部位——柔性低阻尼机械臂方面主要采用双连杆机械臂作为仿生机器人的柔性机械臂，而利用 IPMC 材料制成的机械手臂与双连杆机械臂相比具有众多优点，比如整体重量轻、阻尼小、定位精确度高等。在外加电信号激励下 IPMC 材料能够产生显著的弯曲变形，根据这一特性可将 IPMC 材料制备成柔性低阻尼机械手臂和五指灵巧手。图 4-10 所示为应用 IPMC 材料制备的试验中的柔性低阻尼机械手臂和五指灵巧手。

图 4-10　应用 IPMC 材料制备的机械手臂和五指灵巧手

（2）蛇形作动器

图 4-11 所示为利用 IPMC 材料作为致动器的三关节蛇形作动器，其框架由聚苯乙烯泡沫构成，关节的连接处为镀层为金的 IPMC 材料，每条 IPMC 材料的长度为 20mm，宽度为 2mm，厚度为 200mm。蛇形作动器总长为 120mm，重 0.6g，当驱动电压为 2.5V、频率为 0.5Hz、两块 IPMC 材料的驱动电压相位差为 $\pi/2$ 时，蛇形作动器在水中的游动速度可达到 7mm/s。

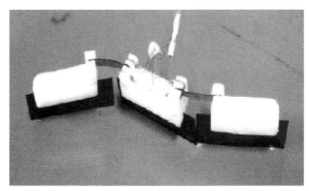

图 4-11　用 IPMC 材料制作的蛇形作动器

（3）微型机器鱼

可以将 IPMC 用作仿生鱼的尾鳍和臀鳍，以实现仿生鱼在水中的前行和升降动作。图 4-12 所示为一款基于 IPMC 材料的人工微型机器鱼的实物模型以及控制单元（控制电路、电池和红外光传感器）。该机器鱼的控制系统与结构的设计理论，主要来自 IPMC 人工肌肉的基本特性和对微小型鱼类运动和受力的分析。并且，此款机器鱼在原有的 IPMC 人工肌肉致动器的基础上，对推进效率进行了优化。

图 4-13 所示为一款基于 IPMC 的机器鱼，与图 4-12 所示的微型机器鱼不同，它集成了动力、导航、控制、通信和传感单元，所有这些都在机器鱼内

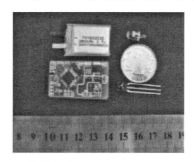

图 4-12　微型机器鱼及其控制单元

部。IPMC 材料充当了机器鱼的尾鳍，通电后产生变形，带动机器鱼游动。此机器鱼还安装有 GPS 接收器和数字罗盘，配合导航和控制算法，机器鱼可自主执行任务，如实现在敌方水域的侦察和环境监测。

图 4-13　鱼缸里游泳的机器鱼

（4）多足水下微型机器人

图 4-14 所示为一种新型的尺蠖仿生运动原型与 IPMC 致动器，该致动器可实现在水下平面的爬行运动。基于这类仿生运动，诞生了如图 4-15 所示的一种新型的水下微型机器人，其采用十个 IPMC 致动器作为腿或手指来实现行走、旋转、漂浮和抓取等动作。通过分析微型机器人的步行机理，计算了其理论步行速度，构建了一个微型机器人的原型，并进行了一系列的实验来评估其行走和漂浮速度。潜水/表面实验也可以通过电解致动器表面周围的水来进行。同时，这种微型机器人中间的六个致动器，可以在行走或漂浮时抓住小物体。为了实现闭环控制，微型机器人身上安装了三个接近传感器来检测物体或在行走过程中避开障碍物。

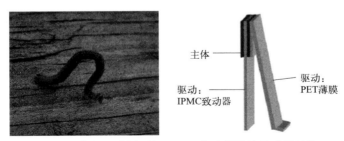

图 4-14　仿生运动原型与 IPMC 致动器设计灵感及结构

（5）其他应用

对于一些具有感知器官的植物而言，如捕蝇草的触角，在受到外界生物或

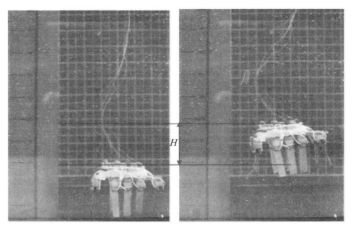

图 4-15　十足微型机器人的运动实验

人为干扰时，会产生一种内部信号，这一信号促使捕蝇草迅速把两个叶片合拢，以完成对干扰源的抓捕。根据捕蝇草的抓捕原理，可以将 IPMC 作为仿生捕蝇草的触角，在其受到外界干扰时，会产生一个微弱的电信号，通过一系列环节，促使仿生捕蝇草关闭其叶片，完成捕蝇的动作。对于蠕虫状动物，可以通过合理布局 IPMC 片和电极的位置，再导入有规律的电压信号，以实现仿生蠕虫状动物的爬行运动行为。此外，IPMC 还可以应用在微泵技术、柔性操作平台、乐器的音色模拟、心脏起搏器和近视眼治疗等方面。

参 考 文 献

［1］ Fukushima T，Asaka K，Kosaka A，et al. Fully plastic actuator through layer-by-layer casting with ionic-liquid-based bucky gel ［J］. Angewandte Chemie，2005，117（16）：2462-2465.

［2］ Mukai K，Asaka K，Kiyohara K，et al. High performance fully plastic actuator based on ionic-liquid-based bucky gel ［J］. Electrochimica Acta，2008，53：5555-5562.

［3］ Saito S，Katoh Y，Kokubo H，et al. Development of a Soft Actuator Using a Photocurable Ionic Gel ［J］. Journal of Micromechanics and Microengineering，2009，19（3）：13-15.

［4］ Jo C，Pugal D，Oh I K，et al. Recent advances in ionic polymer-metal composite actuators and their modeling and applications ［J］. Progress in Polymer Science，2013，38（7）：1037-1066.

［5］ Bhandari B，Lee G Y，Ahn S H. A review on IPMC material as actuators and sensors：Fabrications，characteristics and applications ［J］. International Journal of Precision Engineering and Manufacturing，2012，13（1）：141-163.

［6］ Grodzinsky A J. Electromechanics of deformable polyelectrolyte membranes ［D］. Massachusetts Institute of Technology，1974.

［7］ 张锁江，徐春明，吕兴梅，等 . 离子液体与绿色化学 ［M］. 北京：科学出版社，2009.

［8］ 丁海涛．IPMC 人工肌肉材料的制备、理论模型与分析［D］. 南京：南京航空航天大学，2010.

［9］ Hao L N，Zhou Y R. Investigation on the preparation of ionic polymer-metal composite（IPMC）［J］. Journal of Northeastern University，2009，30（12）：1727-1730.

［10］ Liu X H，He B，Wang Z P，et al. Tough nanocomposite ionogel-based actuator exhibits robust performance［J］. Scientific Reports，2014，4（1）：6673.

［11］ 王志鹏，何斌，刘新华，等．离子液凝胶软体机器人操作手［J］. 科学通报，2016，61（23）：2637-2646.

［12］ Shahinpoor M，kim K J. Ionic Polymer-Metal Composites：Ⅳ. Industrial and Medical Applications［J］. Smart Materials and Structures，2004，14（1）：197.

［13］ Shahinpoor M. Conceptual design，kinematics and dynamics of swimming robotic structures using ionic polymeric gel muscles［J］. Smart Materials and Structures，1992，1（1）：91.

［14］ Guo S X，Shi L W，Xiao N，et al. A biomimetic underwater microrobot with multifunctional locomotion［J］. Robotics and Autonomous Systems，2012，60（12）：1472-1483.

［15］ Bahramzadeh Y，Shahinpoor M. Modeling of IPMC guide wire stirrer in endovascular surgery［J］. Electroactivity in Polymeric Materials，2012，57-65.

［16］ Palmre V，Hubbard J J，Fleming M，et al. An IPMC-enabled bio-inspired bending/twisting fin for underwater applications［J］. Smart Materials and Structures，2012，22（1）：014003.

［17］ Shahinpoor M. Biomimetic robotic Venus flytrap（Dionaea muscipula Ellis）made with ionic polymer metal composites［J］. Bioinspiration & biomimetics，2011，6（4）：046004.

［18］ Arena P，Bonomo C，Fortuna L，et al. Design and control of an IPMC wormlike robot［J］. IEEE Transactions on Systems，Man，and Cybernetics，Part B（Cybernetics），2006，36（5）：1044-1052.

第5章
水凝胶致动软体机器人

5.1 水凝胶与软体机器人

5.1.1 水凝胶简介

水凝胶是一种在水中通过物理或化学交联的方式聚合形成网络凝胶的亲水聚合物，为三维弹性固体。水凝胶的弹性模量在 1～100kPa 的范围内，通过调节聚合物网络的构型，水凝胶可承受高达 1000％ 的机械应变。如果水凝胶的聚合物网络由无毒的聚合物组成，则具有生物相容性。因此，可将水凝胶引入软体机器人领域，以扩大其生物学应用范围。

水凝胶可以响应温度、光照、pH 值、电场或磁场等不同外界的刺激，进而发生结构、物理或化学性质等的变化。水凝胶的含水量极高，其灵活性、敏感性、可延展性、安全性等有益特性可展现出类似自然界软体生物的多种性质。

5.1.2 水凝胶基软体机器人简介

水凝胶材料是制作仿生软体机器人的绝佳原材料，水凝胶基软体机器人继承了水凝胶材料的种类丰富性、可延展性、生物兼容性、离子导电性、可渗透性等多种优良特性。软体机器人可以通过水凝胶中聚合物网络和水之间的相互作用，对不同的外部刺激作出反应，这种响应能力类似于生物有机体的独特性质。通过设计水凝胶材料的响应特性，研发能实现更复杂变形及运动的，同时还能被重新编程来适应环境变化的软体机器人是未来发展的一个趋势。

当前对水凝胶基软体机器人的研究，仍然存在两个亟须克服的限制因素：一是水凝胶材料普遍较低的力学强度，限制了其在实际应用中的可靠性；二是水凝胶基软体机器人依赖于模具设计，制备工艺烦琐且难以实现复杂的 3D 构型。因此，发展一种简单、通用的设计方法来制造结构复杂以及力学性能可靠的软体机器人具有重要的意义。

5.2　水凝胶致动器的分类

水凝胶致动器是软体机器人产生运动的部件。基于水凝胶的软体致动器需要通过不同的刺激来控制它们的运动状态，按照对外部不同因素的响应来分类，水凝胶致动器可分为热响应致动器、化学响应致动器、光学响应致动器、电响应致动器、磁响应致动器、液压响应致动器等。

5.2.1　热响应致动器

在热响应水凝胶致动器中，水凝胶根据环境温度的变化发生体积变化。这种致动器选择性地响应特定的温度范围，以产生较大变形。此外，由于临界溶解温度可以调节，该类致动器有广泛的应用。热响应水凝胶致动器可分为两大类，即具有较低临界溶解温度（LCST）和较高临界溶解温度（UCST）的致动器。具有 LCST 的水凝胶，例如聚（N-异丙基丙烯酰胺）（PNIPAM），在高于临界溶解温度的温度下会产生熵驱动的收缩，并在低温下膨胀回到其正常状态。与此相反，具有 UCST 的水凝胶，如聚丙烯酸-丙烯酰胺，在温度高于临界溶解温度时膨胀，而在低温下收缩（图 5-1）。目前改善该类致动器性能

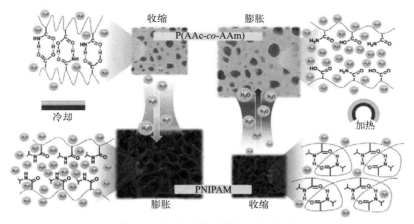

图 5-1　热响应致动器的工作原理

的方法，主要包括提高灵活性、将体积相变期间的迟滞降到最短、拓宽操作环境。

5.2.2 化学响应致动器

在化学响应水凝胶致动器中，水凝胶响应化学刺激，可以直接将周围环境的化学势转换为机械运动并产生体积的变化。化学响应致动器包括溶剂响应致动器、pH 响应致动器和生物分子响应致动器。

如图 5-2 所示，溶剂响应致动器的体积变化取决于聚合物网络和溶剂之间疏水性的差异。当溶剂和聚合物网络之间的疏水性差异较小时，水凝胶可以吸收更多的溶剂。因此，大多数水凝胶在有机溶剂中会收缩并在水中回复到初始状态。

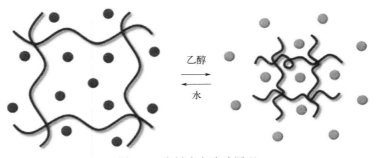

图 5-2　溶剂响应致动原理

如图 5-3 所示，pH 响应水凝胶致动器的体积变化取决于聚合物网络的电离。pH 响应水凝胶可分为聚阴离子水凝胶和聚阳离子水凝胶。聚阴离子水凝胶的聚合物链在 pH 值大于其酸解离常数（pK_a）的溶液中被负离子化。相反，聚阳离子水凝胶的聚合物链在 pH 值低于其 pK_a 的溶液中被正离子化。离子化的官能团在相邻的官能团之间引起静电排斥，并使聚合物网络更加亲

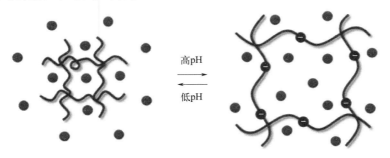

图 5-3　pH 响应致动原理

水。静电排斥作用延长聚合物链并改变疏水性，使水凝胶吸收更多水。当通过 pH 值变化使聚合物链去离子时，膨胀的水凝胶的体积可逆地返回其初始状态。

生物分子响应致动器的体积变化基于生物分子复合物的可逆缔合和解离。生物分子，例如多核苷酸和抗体，可以与某些互补生物分子选择性地形成分子复合物。因此，固定在水凝胶聚合物网络上的生物分子复合物可以充当活性水凝胶交联键。当输入的生物分子扩散到对生物分子敏感的水凝胶中时，充当水凝胶交联键的生物分子复合物缔合或解离，诱导水凝胶的体积相转变（图 5-4）。由于生物分子响应性水凝胶选择性地响应特定的输入生物分子，因此可以分别控制多个区域。

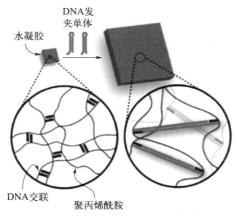

图 5-4　生物分子响应致动原理

5.2.3　光学响应致动器

在光学响应水凝胶致动器中，水凝胶响应光照射发生体积/形状变化。这些致动器不需要物理连接即可进行能量传输。此外，它们可以选择性地响应特定波长的光。光学响应致动器的致动原理为：水凝胶中光交换部分选择性地响应某些波长的光并经历可逆的异构化（如螺吡喃和偶氮苯），由于疏水性的变化，可逆的异构化导致水凝胶的体积转变（图 5-5）；通过光热转换控制热敏性水凝胶，该水凝胶的致动原理与热响应致动器相似。为了提高光热转换效率，将添加剂如碳纳米管和金纳米颗粒嵌入水凝胶中。基于等离子体效应，添加剂选择性地吸收特定波长的光，这使水凝胶能够选择性地、快速地响应所需波长的光。

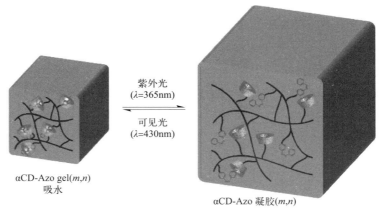

紫外光
(λ=365nm)

可见光
(λ=430nm)

αCD-Azo gel(m,n)
吸水

αCD-Azo 凝胶(m,n)

图 5-5　水凝胶的可逆异构化

5.2.4　电响应致动器

在电响应水凝胶致动器中，水凝胶响应电刺激而发生体积/形状变化，可以快速、准确地使用计算电路来控制。电响应致动器分为两类。第一类基于麦克斯韦应力，该致动器为介电弹性体致动器（DEA），包括夹在离子导电水凝胶之间的介电弹性体层。在水凝胶之间施加高压时，相反电荷的离子会沿着每个水凝胶/介电弹性体界面累积。这会在水凝胶之间引起麦克斯韦应力，从而导致介电弹性体层的厚度收缩和面膨胀（图 5-6）。此类电响应致动器具有大变形、快速响应、高透明性等优点，因此在日常生活中具有广阔的应用前景。第二类是基于电诱导渗透压。聚电解质水凝胶由具有带电官能团和可移动抗衡离子的聚合物网络组成；当向水凝胶施加电场时，阳离子向电极迁移（图 5-7）。为了满足电荷中性，具有相反电荷的水性介质中的离子同时向同一

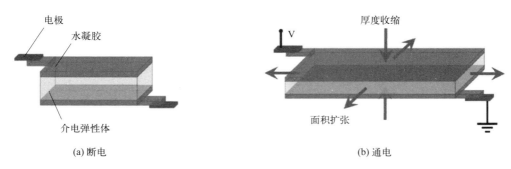

电极

水凝胶

介电弹性体

(a) 断电

厚度收缩

V

面积扩张

(b) 通电

图 5-6　基于麦克斯韦应力的水凝胶致动器

电极迁移。因此，离子梯度的形成会产生渗透压，从而导致聚电解质水凝胶不对称膨胀。

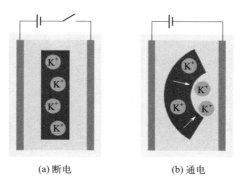

(a) 断电   (b) 通电

图 5-7　基于电诱导渗透压的水凝胶致动器

5.2.5　磁响应致动器

在磁响应水凝胶致动器中，水凝胶响应外部磁场而发生体积变化，它们可以无线控制，并具有快速响应的特点。这种致动器通常填充有微米/纳米尺寸的磁性颗粒。当施加外部磁场时，分散在水凝胶中的磁性颗粒接收磁力并将该力传递到水凝胶基质，从而导致其形状变化，如图 5-8 所示。磁响应水凝胶适用于药物输送，因为它们允许装载大量的药物，并且在受到非侵入性外部磁场刺激后会释放药物。

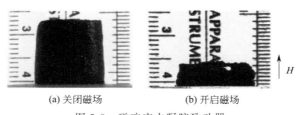

(a) 关闭磁场   (b) 开启磁场

图 5-8　磁响应水凝胶致动器

5.2.6　液压响应致动器

在液压响应水凝胶致动器（图 5-9）中，水凝胶响应液压而发生形状变化，它们比其他水凝胶致动器具有更高的致动力和速度。由于水凝胶的高透明性，致动器能够在不同种类的背景下被动伪装。由于水凝胶和水的折射率非常相近，因此它们的效用在水下环境中尤为显著。另外，由于水凝胶具有与水相似的声阻抗，它们也可以在水中被声波掩盖。基于这些优点，该类致动器可以在需要隐身的操作中应用。

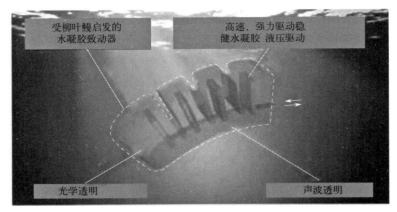

图 5-9　液压响应水凝胶致动器

5.3　典型水凝胶致动软体机器人及其应用

5.3.1　无约束毫米级软体机器人

中国科学院深圳先进技术研究院生物医学与健康工程研究所杜学敏团队提出了一种新型无约束毫米级软体机器人，该机器人以水凝胶为基体，由一个磁性头部和一个非磁性的尾部组成（头部长度约 1mm，尾部长度约 5mm，宽度约 1mm 或 4mm，高度约为 $174\mu m$）。

该水凝胶机器人以可逆温度响应水凝胶 PNIPAM 为材料通过两步光聚合制成，如图 5-10 所示。将钕铁硼（NdFeB）微粒加入 PNIPAM 预聚物溶液中，并用超声波充分分散。将预聚物置入模具中，进行紫外诱导（365nm）聚合形成嵌有 NdFeB 微粒的 PNIPAM 膜（软体机器人的头部）。除去残余溶液，将纯 PNIPAM 预聚物溶液加入较大模具中，进行第二次光聚合。随后，将水凝胶膜剥离并用大量水洗涤以除去残留物。然后将水凝胶膜放置于空间均匀强磁场中磁化后，水凝胶膜的磁极化方向水平排列（磁场方向由外部磁场决定）。最后，通过切割具有一定宽度和长度的水凝胶膜，可以获得大量头部具有钕铁硼颗粒的水凝胶基软体机器人。与铁氧体材料不同，钕铁硼微粒具有较高的剩磁强度和较大的矫顽力，这保证了在磁驱动过程中可以保持磁化曲线，从而使机器人具有良好的磁驱动性能。

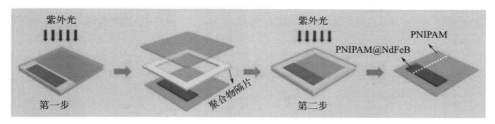

图 5-10　无约束毫米级软体机器人的制作流程

这种智能机器人不仅可以进行可控与可变形的水中爬行、摆动和滚动等多模态运动，而且由于基体柔软和整体结构的不对称，其可在水中实现螺旋推进等复杂运动，如图 5-11 所示。此外，该机器人还具有出色的越障能力，可螺旋推进越过高于 2 个体长的障碍物，在高度 2mm 的隧道内爬行，以及在宽度 $450\mu m$ 的狭窄通道内游动前行；甚至可以在近红外光（NIR，808nm）辐射下引发 PNIPAM 水凝胶的渗透收缩，使自身体积收缩 65% 并能轻松通过狭窄的管路。这种智能材料组成的软体机器人展示了强大的多模态运动能力与多功能性，为智能软体机器人在各个领域的应用提供了更大的可能。

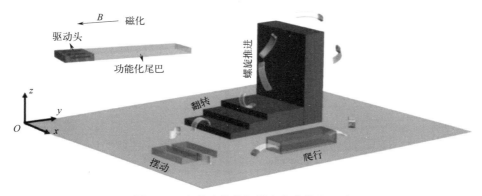

图 5-11　水凝胶软体机器人的多模态运动

5.3.2　受含羞草启发的双层水凝胶致动器

中国科学院宁波材料技术与工程研究所智能高分子材料团队陈涛研究员和张佳玮研究员受含羞草叶柄下垂启发，制备出双层水凝胶致动器。含羞草在空气中的响应机理如图 5-12 所示，含羞草被触摸后，叶枕下半部分的水分会转移到上半部分，因此上半部分膨胀而下半部分收缩，带动叶柄下垂。当水被转移回叶柄的下半部分时，弯曲的叶柄会恢复到原来的状态。含羞草叶子的运动是通过叶子内部水分的重新分布来实现的，整个过程叶枕中总含水量几乎没有变化。

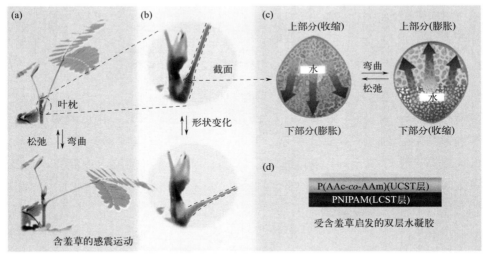

图 5-12　含羞草在空气中的响应机理

为了模仿含羞草的驱动过程，陈涛等利用热响应行为相反的高分子构筑了双层水凝胶，双层水凝胶的制备工艺如图 5-13 所示。将 AAc/AAm 水溶液注入模具 1 中，在模具 1 上方覆盖一层玻璃片后，在 50℃ 水浴条件下加热，并在紫外光（365nm）下照射 3min。然后，打开表层玻璃片，将模具 2 放在

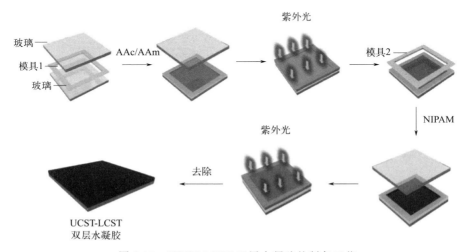

图 5-13　UCST-LCST 双层水凝胶的制备工艺

模具 1 的正上方，将 NIPAM 水溶液注入模具中，并再次覆盖玻璃片。然后，混合物（在冰水浴中）在紫外光（365nm）下照射 5min。聚合后，所得的双层水凝胶用大量水彻底洗涤，之后切割成所需形状，双层水凝胶如图 5-14 所示。

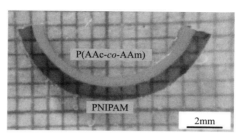

图 5-14　UCST-LCST 双层水凝胶

将双层水凝胶放入 40℃和 10℃的油液中，可以观测到双层水凝胶因热响应而产生的蜷缩与舒张的形状变化，如图 5-15 所示。

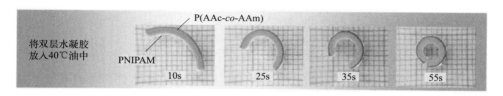

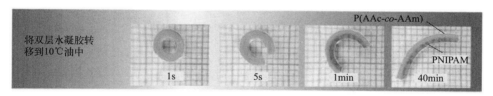

图 5-15　双层水凝胶对温度的响应变化

使用花状模具设计并制作花状双层水凝胶致动器，如图 5-16 所示。除了在水中和液体石蜡中的优异热响应性之外，这种水凝胶花在空气中加热时也能快速闭合。将花状双层水凝胶致动器放在 80℃的热板上，会触发花的闭合。在室温（20℃）下，再次提起闭合的花状双层水凝胶致动器，闭合的水凝胶花会再次打开。

通过这种仿生设计，制备的双层水凝胶显示出可逆的致动特性，使得基于这种双层水凝胶设计的柔性抓取器能够通过改变温度在不同的环境中进行工作，进而抓取、运输和释放空气中的物体，如图 5-17 所示。

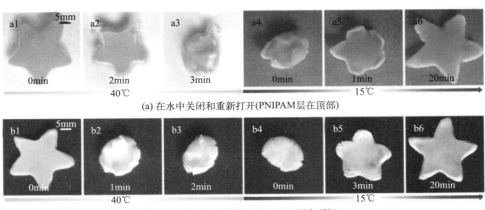

(a) 在水中关闭和重新打开(PNIPAM层在顶部)

(b) 在油中关闭和重新打开(PNIPAM层在顶部)

(c) 在空气中关闭和重新打开(PNIPAM层在顶部)

图 5-16 水凝胶花在不同环境下的响应

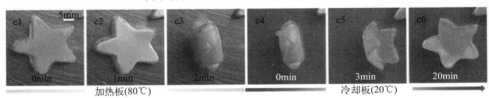

图 5-17 水凝胶花在空气中的应用

5.3.3 电辅助离子印刷水凝胶

水凝胶的图案化、结构化、再成型和致动能力对仿生、软体机器人、细胞支架和生物材料的发展非常重要。Etienne Palleau 等人介绍了一种"离子印刷"技术，它能够在电场的辅助下，通过离子的定向移动和络合作用，在二维和三维空间中对水凝胶进行拓扑结构和驱动。离子结合改变了凝胶的局部力学性能，从而导致浮雕图案的生成，在某些情况下，还会引发足够大的局部应力，从而导致快速折叠。这些离子印刷的图案可以稳定数月，但通过将凝胶浸入螯合剂中，离子印刷过程便完全可逆。机械图案化的水凝胶显示出可编程的时间和空间形状转变，并作为一种新型软体致动器的基础，这种致动器可以温和地操纵空气和液体溶液中的物体。

离子印刷的原理示意图见图 5-18。对平坦或图案化的金属阳极（铜）施加电势，水凝胶中产生电流，铜离子与阴离子水凝胶局部复合；金属阳极将离子传递到聚电解质（聚丙烯酸钠，pNaAc）中，并与水凝胶中阴离子局部复合。在阳极/水凝胶界面产生的 Cu^{2+} 与凝胶聚合物主链上的阴离子羧基结合，在凝胶网络中形成牢固的局部离子交联。由于聚合物主链水合状态的降低，网络的印迹区域释放水，导致凝胶的定向收缩。离子印刷过程产生包含铜金属离子的青色嵌入图案（图 5-19），该图案浮雕结构复制了半透明凝胶基底上的电极模具。在长达数月的水浴中，这些离子模式明显保持稳定。

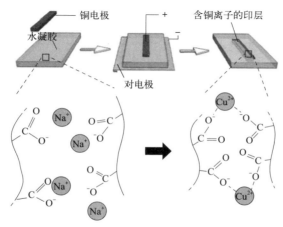

图 5-18　离子印刷的原理示意图

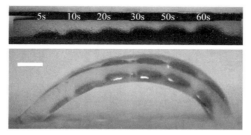

图 5-19　铜金属离子嵌入水凝胶中呈现青色

图 5-20 所示为使用一美分作为阳极的离子印刷技术制造的 pNaAc 凝胶，硬币表面特征可以被高清晰度复制，并且可以在水凝胶脱水后缩小至原来的1/5。图 5-21 所示为由铜线作为阳极的离子印刷技术制成的折叠 3D 凝胶线圈，

这种 3D 形状在凝胶脱水时仍可以保持。图 5-22 所示的离子印刷在 pNaAc 凝胶上的深 3mm、直径 5mm 的圆形图案，可通过在乙二胺四乙酸（EDTA）中浸泡 4h 来擦除。由于螯合作用，图案消失，凝胶由于在 EDTA 中的渗透平衡而收缩，将其放置在水中时则回复到初始大小。

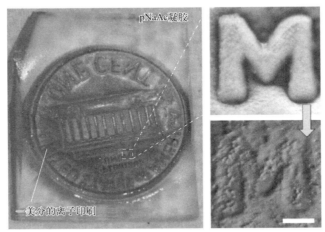

图 5-20　一美分作为阳极的离子印刷

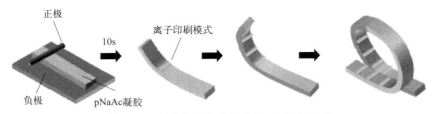

图 5-21　离子印刷技术制成的 3D 凝胶线圈

　　带有五行的 3mm 厚的水凝胶，由于离子印刷过程中产生的应力，凝胶最初垂直于压印方向弯曲（箭头 1）。一旦浸入乙醇中，较硬的离子印刷区域会引导凝胶结构的不对称收缩和重塑（箭头 2）。当放入水中时，水凝胶会回复到最初的形状。水凝胶在乙醇和乙二胺四乙酸中浸泡，随着浸泡时间变化水凝

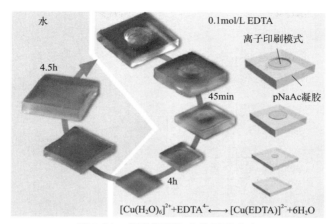

图 5-22 离子印刷技术的可逆反应

胶呈现可控形状变化。相关内容如图 5-23 所示。

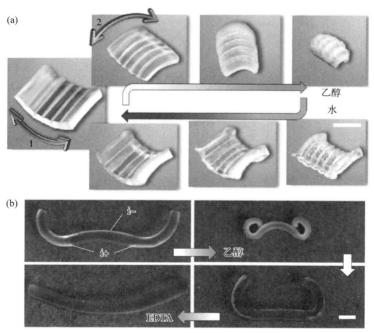

图 5-23 水凝胶的可控变形

离子印刷技术实现了两种不同类别的软体致动器的原理验证演示，这两种软体致动器能够快速响应，温和而精确地操纵轻质物体（0.1～1g）。第一种水凝胶致动器凝胶致动机制是基于空气中离子印刷产生的应力。通过将一个 L

形凝胶与两根铜线（C1 和 C2）接触，实现了软镊子的原型。向内部 C1 电极施加正电势，会在顶点附近产生离子印刷线。离子注入产生足够的定向应力，来关闭凝胶本身并抓住物体。反转电势使凝胶向相反方向折叠，打开镊子并释放物体。相关工作过程如图 5-24 所示。

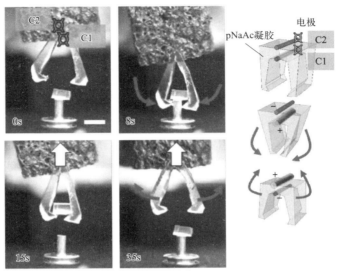

图 5-24　L 形凝胶抓手的工作示意图

第二种水凝胶致动器基于水凝胶的可控变形特性，它由一个 X 形凝胶组成，在它的附属物的一侧印有两条垂直线。水的排出推动凝胶在乙醇中折叠，沿着离子印刷线产生均匀的曲率，轻轻抓住小物体。将该凝胶镊子放回水中，会使凝胶网络再水合并回到其初始状态，同时在该过程中释放被抓住的物体。相关工作过程如图 5-25 所示。

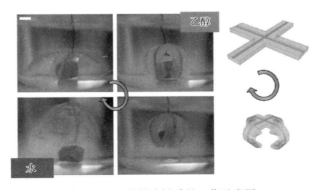

图 5-25　X 形凝胶抓手的工作示意图

5.3.4 由天然多糖构建的双层水凝胶致动器

武汉大学化学与分子科学学院张俐娜团队，首次利用壳聚糖和纤维素/羧甲基纤维素构建了完全由天然多糖组成的双层水凝胶致动器，两者的溶胀行为存在显著差异，并具有生物相容性和生物可降解性，有望成为生物机械。该双层水凝胶中，两层之间存在包括静电和化学键相互作用在内的紧密黏附，这保证了软体致动器优异的变形可重复性和刺激响应性。与大多数已报道由一个活性层和一个基质层组成的双层水凝胶致动器相比，具有两个活性层的双层水凝胶致动器表现出双向变形行为，通过几何设计可以实现多种形状的程序化变形。构建双层水凝胶衍生的天然聚合物可用于开发具有实际应用价值的新型软体仿生机器人。

双层水凝胶响应 pH 值变化而发生弯曲变形，如图 5-26 所示。通过合理

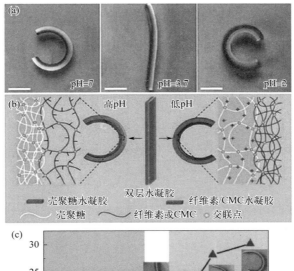

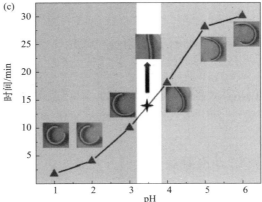

图 5-26　双层水凝胶对不同 pH 值溶液的响应

设计结构，可以实现水凝胶的可控变形，如图 5-27 所示。

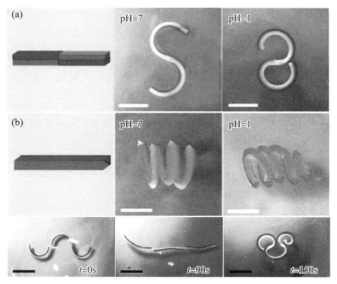

图 5-27　不同形状双层水凝胶的可控变形

　　花状双层水凝胶在酸性水溶液中的变形过程如图 5-28 所示。将舒展的花状水凝胶用针固定在塑料柱的顶部，然后浸入盐酸水溶液中。由于壳聚糖和羧甲基纤维素在酸性介质中溶胀/解溶胀行为的共同作用，花状水凝胶在 60s 后被拉伸，在 120s 后最终向上弯曲，就像一朵盛开的花。

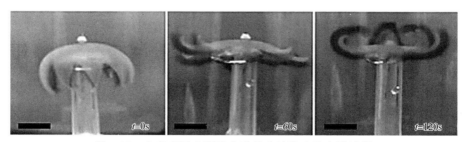

图 5-28　花状双层水凝胶在酸性水溶液中的变形过程

5.3.5　DNA 序列响应水凝胶

　　Angelo Cangialosi 等人将特定 DNA 序列插入到水凝胶中，并使用了名叫"发夹"的特定 DNA 序列（图 5-29），让 1cm 尺寸的水凝胶样品膨胀到

100cm。该反应能被另一种名为"终结发夹"的 DNA 序列终止。

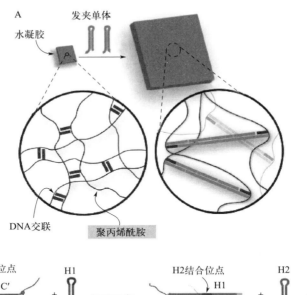

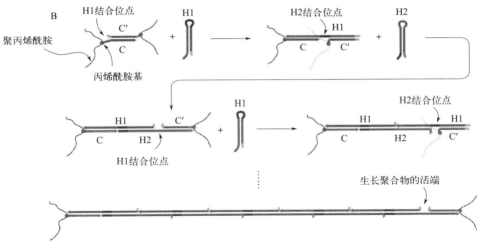

图 5-29　DNA-交联聚丙烯酰胺凝胶的定向扩增

　　为了确认 DNA 控制水凝胶目标部位激活的能力，研究人员让 DNA 序列控制水凝胶"开花"，如图 5-30 所示。每朵"花"有两组"花瓣"，每组被设计成只对一种 DNA 序列有反应。用两种 DNA 序列处理时，所有"花"都做出合拢"花瓣"反应，单独用一种 DNA 序列处理时，则对应的一组"花瓣"展开。研究小组还制作了水凝胶"螃蟹"，触角、蟹钳、腿等每个身体组成都能响应匹配的 DNA 序列进而展开或蜷缩。

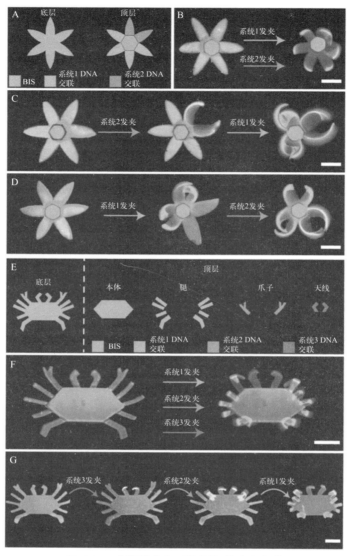

图 5-30　水凝胶花与"螃蟹"的响应变形

5.3.6　一种能实现蚯蚓状定向蠕动爬行的各向异性水凝胶执行器

蠕动爬行是类蚯蚓无肢生物在狭窄空间中的运动机制，利用柔性材料模仿其运动具有很大的挑战性。Takuzo Aida 等人提出了一种前所未有的水凝胶致动器，它不仅可以蠕动爬行，还可以反转方向。该圆柱形水凝胶包含用于光热转换的金纳米粒子，以及用于转换凝胶内部介电常数的热响应聚合物网络等。

当水凝胶被设计为包括沿圆柱形凝胶轴共晶取向的钛酸盐纳米片时，用可见光激光进行点状光照射，它立即以等体积方式大幅度膨胀（其原始长度的80%），如图5-31所示。当照射点沿着圆柱形凝胶轴移动时，水凝胶由于快速、连续地伸长/收缩而进行蠕动爬行，并且朝着激光扫描方向反向移动。因此，当扫描方向被切换时，爬行方向也相应被反转。当用金纳米棒代替金纳米粒子时，水凝胶对近红外光有反应，这种光可以深入生物组织。

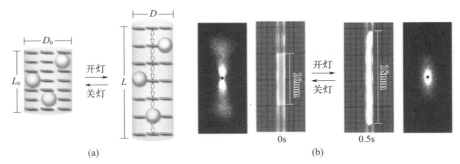

图 5-31   水凝胶的光响应示意图

图 5-32 为蚯蚓蠕动爬行的示意图与通过激光安全滤光器拍摄的水凝胶蠕动的光学图像。该圆柱形的 TiNS/AuNP 水凝胶（原始直径 1.2mm，原始长度 15mm），用 445nm 激光沿圆柱形凝胶轴从右到左进行扫描，则水凝胶响应光照而发生的长度变化。

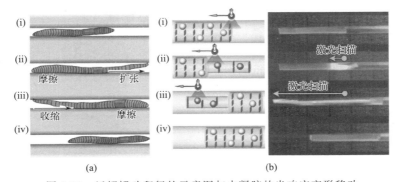

图 5-32   蚯蚓蠕动爬行的示意图与水凝胶的光响应变形移动

5.3.7   液压响应致动器和机器人

海洋动物，如柳叶鳗，发育出由活性透明水凝胶组成的组织和器官，以实现在水中的敏捷运动和自然伪装。麻省理工学院（MIT）机械工程学院赵选贺团队通过对水凝胶的结构设计，提出一种可以提供高速、高力并且可以在水中光学和声学伪装的液压响应致动器和机器人。由于水凝胶在中等应力下的抗疲劳特性，水凝胶致动器和机器人可以在多个致动周期中保持其功能性。这种敏捷和透明的水凝胶致动器和机器人具有非凡的功能，包括游泳、踢橡胶球，甚至在水中抓活鱼。

受鳗鱼的柳叶状幼体（图 5-33）启发制备的水凝胶致动器如图 5-9 所示，这种致动器由液压驱动，与渗透压原理致动器相比（图 5-34）具有响应迅速、输出力大等特点，且水凝胶在水中呈现透明状。图 5-35 说明了此类致动器的制作工艺。

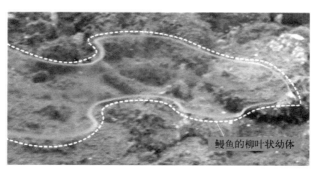

图 5-33　鳗鱼的柳叶状幼体

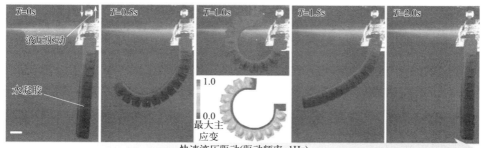

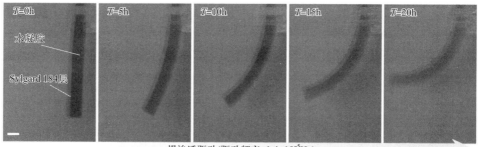

图 5-34　水凝胶渗透驱动与液压驱动的响应对比

具有物理交联
网络的成型部件

／ 水凝胶(宏观)单体
∗ 水凝胶交联剂
∗ 光引发剂
∗ 除氧剂
／ 物理交联
　水凝胶网络

物理交联水凝胶的成型
(成型、3D打印等)

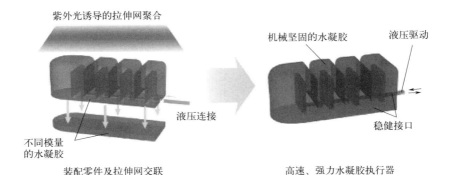

紫外光诱导的拉伸网聚合

机械坚固的水凝胶　　液压驱动

液压连接

稳健接口

不同模量
的水凝胶

装配零件及拉伸网交联　　　　　　　高速、强力水凝胶执行器

图 5-35　液压响应致动器的制备工艺

利用此原理制备的凝胶机器鱼在水中能像鱼一样向前游动，水凝胶鱼的光学透明性使其在彩虹色的背景上能够保持伪装状态，如图 5-36 所示。

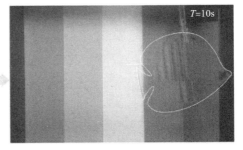

图 5-36　液压响应水凝胶鱼

一个透明的水凝胶抓手可以捕获、举起并释放一条活的金鱼。水凝胶抓手的灵活驱动和光学透明性使其能够成功捕捉金鱼。由于抓手的柔软性，可以在抓住并释放金鱼的过程中，而不对其造成任何伤害（虚线表示透明水凝胶结构在水中的边界，如图 5-37 所示）。

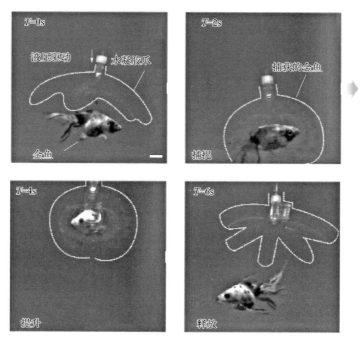

图 5-37　液压响应水凝胶抓手

参 考 文 献

[1] Yang C H，Suo Z G. Hydrogel ionotronics [J]. Nature Reviews Materials，2018.

[2] Lee H R，Kim C C，Sun J Y. Stretchable Ionics-A Promising Candidate for Upcoming Wearable Devices [J]. Advanced Materials，2018，30 (42)：1704403.

[3] Yuk H，Lu B Y，Zhao X H. Hydrogel bioelectronics [J]. Chemical Society Reviews，2019，48 (6)：1642-1667.

[4] Boydston A J，Cao B，Nelson A，et al. Additive manufacturing with stimuli-responsive materials [J]. Journal of Materials Chemistry A，2018，6 (42)：20621-20645.

[5] Koetting M C，Peters J T，Steichen S D，et al. Stimulus-responsive hydrogels：Theory，modern advances，and applications [J]. Materials Science and Engineering：Reports，2015，93：1-49.

[6] Zheng J，Xiao P，Le X X，et al. Mimosa inspired bilayer hydrogel actuator functioning in multi-environments [J]. Journal of Materials Chemistry C，2018，6 (7)：1320-1327.

[7] Palleau E，Morales D，Dickey M D，et al. Reversible patterning and actuation of hydrogels by electrically assisted ionoprinting [J]. Nature Communications，2013.

[8] Duan J J，Liang X C，Zhu K K，et al. Bilayer hydrogel actuators with tight interfacial adhesion fully constructed from natural polysaccharides [J]. Soft Matter，2017，13 (2)：345-354.

[9] Cangialosi A，Yoon C K，Liu J Y，et al. DNA sequence-directed shape change of photopatterned

hydrogels via high-degree swelling [J]. Science，2017，357 (6356)：1126-1130.

[10] Takashima Y，Hatanaka S，Otsubo M，et al. Expansion-contraction of photoresponsive artificial muscle regulated by host-guest interactions [J]. Nature Communications，2012，3：1270.

[11] Keplinger C，Sun J Y，Foo C C，et al. Stretchable，Transparent，Ionic Conductors [J]. Science，2013，341 (6149)：984-987.

[12] Kang Y W，Woo J，Lee H R，et al. A mechanically enhanced electroactive hydrogel for 3D printing using a multileg long chain crosslinker [J]. Smart Materials and Structures，2019，28 (9)：095016.

[13] Zhao X H，Kim J，Cezar C A，et al. Active scaffolds for on-demand drug and cell delivery [J]. Proceedings of the National Academy of Sciences of the United States of America，2011，108 (1)：67-72.

[14] Yuk H，Lin S T，Ma C，et al. Hydraulic hydrogel actuators and robots optically and sonically camouflaged in water [J]. Nature Communications，2017，8：14230.

[15] Du X M，Cui H Q，Xu T T，et al. Reconfiguration，Camouflage，and Color-Shifting for Bioin-spired Adaptive Hydrogel-Based Millirobots [J]. Advanced Functional Materials，2020，30 (10)：1909202.

[16] Sun Z F，Yamauchi Y，Araoka F，et al. An Anisotropic Hydrogel Actuator Enabling Earthworm-Like Directed Peristaltic Crawling [J]. Angewandte Chemie，2018，130 (48)：15998-16002.

第6章
电/磁流变体致动软体机器人

电流变（electrorheological，ER）体是一种将微米级颗粒悬浮于绝缘载体中而形成的悬浮液。在强电场作用下，它的流变性能在极短的时间内发生急剧且可逆的变化，这被称为电流变效应。例如，其黏度可在毫秒数量级的时间内提高几个数量级，而撤去外电场后，又能恢复到黏度很低的状态。由于电流变体这种独特的性能，它可以用于机器人传动装置、减振阻尼装置、离合器等，是一种具有广阔应用前景的智能材料，吸引了许多科学工作者和工程技术人员去研究开发。然而，从 20 世纪 40 年代，国外有学者发现电流变效应至今，电流变学经过了近百年的发展，少有电流变体软体机器人产品问世，其中的原因可能是没有完全理解其作用机理。

磁流变（magnetorheological，MR）材料（磁流变体）是具有磁流变效应（MR effect）的一类材料的统称。磁流变效应的首次发现要追溯到 20 世纪 40 年代。在 1948 年，人们发现将铁磁性颗粒和水组成液态混合物加载一定外磁场后，该混合物会由液体状态迅速变为类固体状态，并且撤去磁场后，该混合物又能可逆地回到初始的液体状态，这表明外磁场能够快速、可逆地改变该混合物的流变性能。材料的流变性能随磁场变化而发生改变的这种现象被称为磁流变效应，并且该类由磁性颗粒和液态基体组成的混合物则被称为磁流变液（MR fluids）。磁流变效应的发现和磁流变液的出现拉开了磁流变材料研究的序幕。

磁流变材料在汽车减振、建筑隔振、抛光技术等振动控制领域有着广泛的应用前景。磁流变材料是一类智能材料的总称，其中典型代表有磁流变液、磁流变弹性体、磁流变泡沫和磁流变胶等。作为磁流变材料的一个重要组成部分，近些年磁流变弹性体在材料制备、性能表征、机理解释和工程应用等方面的研究越来越深入。其在振动控制领域，特别是半主动控制方面，如半主动隔振、自调谐吸振等方面具有广阔的应用前景。

6.1 电/磁流变体的致动原理

6.1.1 电流变体的致动原理

关于电流变体的致动原理的理论有微粒极化成纤机理、双电层变形机理、水桥机理、电泳机理等。

(1) 微粒极化成纤机理

微粒极化成纤机理目前仍在逐步发展和完善。该机理将电流变效应归因于分散相微粒相对于分散介质发生极化。根据极化产生的机制可分为电子位移极化、离子位移极化、偶极子转向极化、热离子极化、界面极化。

① 电子位移极化　电介质受到电场作用时，由于电子云发生变形，分子或原子中的正、负电荷中心产生相对位移，由中性分子或原子变成了偶极子。具有这种极化机制的极化形式称为电子位移极化或电子形变极化，它对总的微粒极化贡献很小，但直接影响微粒的介电常数。

② 离子位移极化　由不同的离子组成的分子在电场作用下，正、负离子产生相对位移，偏离了正常的结点位置，破坏了原先呈电中性分布的状态，实际上相当于从中性"分子"（实际上是正、负离子对）变成了偶极子。具有这种极化机制的极化形式称为离子位移极化或简称为离子式极化，它对无机微粒介电常数的影响远比对有机微粒的影响大。

③ 偶极子转向极化　极性电介质的组成质点是具有偶极矩的极性分子，在电场作用下，原先由于热运动而混乱排布的偶极子受到转动力矩的作用而发生旋转，并且有沿电场方向排布的趋向，其结果就是电介质极化。这类极化称为转向极化。通常，在处理高分子中的局部电偶极矩取向极化时，采用十分麻烦的统计方法，等效地化为偶极子转向极化。

④ 热离子极化　介质中存在的某些联系较弱的离子，在电场作用下发生沿电场方向的跃迁运动引起的极化形式称为热离子极化，又叫离子松弛极化。这种极化仅在由离子组成或含有离子杂质的介质中出现，它与电子位移极化和离子位移极化相比对总的微粒极化贡献很大。

⑤ 界面极化　在电场作用下，原先混乱排布的自由电荷发生了趋向有规

则的运动过程，导致微粒界面上电荷的积累，这叫作界面极化或 Maxwell-Wagner 极化，是空间电荷极化的一种形式。在这种极化中，电荷运动产生很大的偶极矩。界面极化通常发生于非欧姆体系，其中各组分具有不同的电导率，电荷可以自由移动。从宏观上难以将界面极化与电子位移极化、离子位移极化区别开。

在电场作用下，由于分散相和分散介质介电常数的差异，微粒极化产生偶极子。偶极子之间具有相互作用力，当它们沿电场方向排列时相互吸引，当垂直于电场方向排列时相互排斥，因而形成沿电场方向的纤维状结构。此时，若要使电流变体流动，则纤维柱变形或断裂，由于克服偶极子间的相互作用力做功，剪切应力和表观黏度大大提高，即发生电流变效应。

（2）双电层变形机理

通常认为任何有界面存在的体系中都有双电层存在。双电层由两部分组成：紧密吸附在微粒表面的单层离子和延伸到液体中的扩散层。在电场作用下，双电层诱导极化导致扩散层电荷不平衡分布，即双电层发生变形。变形双电层间的静电相互作用使流体发生剪切流动时耗散的能量增加，因而黏度增大。当双电层交叠时，静电相互作用更大。这一机理定性地解释了一些实验现象，例如电流变效应对电场频率和温度的依赖性。

双电层变形和交叠引起的悬浮液黏度增大，分别称为第一电黏效应和第二电黏效应。一般来说，由电黏效应引起的黏度增大幅度都不太大，在 2 倍以内，它与电流变效应引起的黏度增大有本质的区别。

双电层极化、变形和交叠可以引起体系的黏度增大，并不是电流变效应产生的主要原因。这一机理定性地解释了一些实验现象，但并没有发展起定量的理论。但是，双电层的存在是毫无疑问的，双电层极化是静电极化的一种特殊情况。

（3）水桥机理

电流变体的分散相中含有水，水的含量对电流变效应有显著的影响，当水分低于某一定值时，体系不再发生电流变效应；在该值之上，电流变效应随水含量的增加而增强，达到某一最大值以后又呈下降趋势。对于水活化电流变体，水是引发电流变效应必需的物质。

水桥机理体系具有电流变效应的基本条件为：①分散介质为憎水性液体；②分散相为亲水性且多孔的微粒；③分散相必须含吸附水且其含量显著影响电流变体。在电流变体中，分散相微粒孔中存在可移动的离子，并且这些离子与周围的水相结合。在外加电场作用下，离子携带着水向微粒一端移动，产生诱导偶极子。聚集在微粒一端的水在微粒间形成水桥，若要使电流变体流动，必须破坏水桥做功，导致剪切应力和黏度增大。撤去外电场后，诱导偶极会消失。

水的存在限制了电流变体的使用温度，并且会引起高能耗、介电击穿、设备腐蚀等问题，因而出现了无水电流变体。正确地理解水在电流变效应中所起的作用，对于无水电流变体的研究具有重要意义。

（4）粒子极化机理

关于引起电流变效应的机理，被广为接受的是静电极化模型。电流变体在不加电场时，由于电介质微粒的密度与母液密度十分接近，作用在粒子上的浮力和重力相当，热运动使粒子在空间随机分布形成均匀的悬浮液体。当受到电场作用时，介电粒子表面出现极化电荷，悬浮粒子由于极化发生分离，正电荷向负极端移动，负电荷向正极端移动，相邻粒子由于静电吸引形成沿电场方向的首尾相接的颗粒微链，如图 6-1 所示。

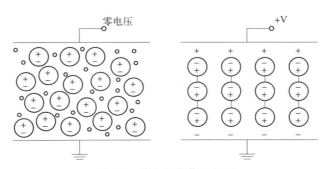

图 6-1 静电极化作用机理

电流变体受外加电场的影响，力学性能比较复杂。在没有电场作用时，电流变体基本上表现为牛顿流体的特性。在流动过程中，其剪切应力与剪切速率成正比；当存在电场作用时，电流变体表现为 Bingham（宾厄姆）流体，力学模型表示为

$$\tau = \tau_B + \eta_B \gamma \tag{6-1}$$

式中，τ 为剪切应力；τ_B 为 Bingham 屈服应力；γ 为剪切速率；η_B 为 Bingham 黏性系数。

电流变体在电场作用下不仅可以产生明显的电流变效应，获得连续变化的剪切强度，而且它的固液态转化速度非常快，约 $1/1000$s。电流变体的这些优点可为实时性主动控制的实现提供了新的方案。

6.1.2 磁流变体的致动原理

磁流变效应产生的机理目前还没有完全明确的定论。最直观的解释是，在两极板间形成的链束状结构像桥一样横架在极板之间，阻碍了流体的正常流动，使其产生类固体的特征。颗粒在磁场下成链或链束的原因存在很多假说，其中最为大众所接受的是相变理论和偶极矩理论。

（1）相变理论

该理论认为，在零磁场作用下，悬浮颗粒是自由相，它随机分布于母液中，热波动会对它的转动和迁移造成很大影响。磁场强度升至某一临界值时，颗粒会被磁化，受到热波动和磁场强度双重作用，某些颗粒就进行有序化排列，成为有序相。随后随着磁场强度变大，有序相就会连成长链，且以长链作为核心，吸收周围短链，使链变粗，形成固体相。

（2）偶极矩理论

该理论认为，在外加磁场的作用下，每一个磁性颗粒都会被极化成为磁偶极子，而此时各个偶极子之间可以相互吸引，并形成链，磁流变效应的强度和偶极子之间形成的链的力大小有着一定关系，这个理论的基础是静磁相互作用理论。这个理论可以对影响单链强度函数关系式的因素进行解释，也可以对链的演变过程中，外加磁场场强存在的三个区域进行解释。但是这个理论无法对链会变粗这个过程的原因进行解释，也不能对磁流变体的剪切屈服强度与磁性粒子尺寸大小间存在的关系进行解释。

6.2 电/磁流变体的分类及制备方法

6.2.1 电流变体

电流变体也称为电流变液（electrorhelogical fluids，ERF）。目前所制备的各种电流变材料，按其结构可分为悬浮体系和均相体系。悬浮体系一般由悬浮粒子、分散介质和添加剂三部分组成，均相体系是指以液晶为基础的电流变材料。电流变材料一般指不需要活化剂就能产生电流变效应的电流变液体。

（1）电流变材料的分类

电流变材料按分散相粒子的种类分为无机电流变材料、有机电流变材料、多层包覆电流变材料和有机-无机复合电流变材料。

① 无机电流变材料　无机电流变材料主要指金属氧化物或金属盐类的无机化合物。金属氧化物包括 SiO_2、SnO_2、TiO_2、FeO、Al_2O_3、CuO 等。金属盐类的无机化合物有 $BaTiO_3$、$CaTiO_3$、$SrTiO_3$ 等钙钛矿型化合物及沸石、高岭土等硅铝酸盐材料。

无水硅铝酸盐电流变体被认为是第一种无机电流变材料，该材料的最大特点是在不含水的条件下或者高温下仍具有较高的电流变活性。具有多孔结构的复合 $SrTiO_3$ 无水电流变材料，在 $4kV/mm$ 直流电场下，剪切应力可达 $5kPa$，零场应力仅为 $200Pa$，并具有良好的悬浮稳定性；采用共聚物作模板，制备多孔纳米无机材料 TiO_2 或采用复合掺杂改性制备纳米钙钛矿型化合物 $BaTiO_3$、$CaTiO_3$、$SrTiO_3$，利用纳米与多孔材料的表面特性，其电流变活性会获得数量级增长。

无机电流变材料的主要缺点是密度大、颗粒的悬浮稳定性差、质地硬、对器件磨损性大，力学性能仍需要进一步提高。但无机化合物如 TiO_2、$BaTiO_3$ 等具有较高的介电常数，这可为制备高性能的电流变材料提供基础。

② 有机电流变材料　有机电流变材料主要包括天然高分子、聚合物电解质、聚合物半导体基电流变材料和液晶高分子电流变材料。有机电流变材料主要有淀粉、纤维素等天然高分子和聚合物电解质等，它们是依靠带有—OH、—COOH 等易吸水基团吸附水产生电流变效应，其温度稳定性差。无水聚合物半导体电流变材料的发现开启了有机电流变材料制备的热潮。有机电流变材料最大的优点在于：密度小、质地软，可以有效解决电流变液的沉降性和材料对器件的磨损等问题，并有一定的力学性能。有机电流变材料的研究主要集中在两个方面：一是合成具有高极性基团的长链或网状高聚物，再对其进行改性处理；二是合成聚合物半导体材料，再通过掺杂或后处理对其进行介电和电导性能的调整。

聚合物半导体电流变材料是目前研究较广泛的一种电流变材料，其结构大多具有共轭 π 键，如以蒽、菲、萘等为底物的自由基聚合物。其中，聚苯胺具有化学及热力学性质稳定、电性能可调、密度与油接近、成本低的特性，且得到的屈服应力也较大。目前，聚苯胺的聚合方法、粒子浓度、掺杂程度及电流变性能都被学者们广泛地研究。

液晶是一类重要的有机电流变材料。均相的液晶电流变液具有不沉降的显著优点，但材料的剪切应力较低，响应时间较长，而且温度性能较差。这种材料有两种产生电流变效应的机制：一是定向的液晶网络导致的电流变效应；二是以液晶为基础的聚合物和聚二甲基硅氧烷油之间的相分离。这些材料没有颗粒沉降、聚集或磨损等问题。高分子液晶的电流变效应比传统的粒子分散型电流变体的电流变效应强得多，这可能是由于晶体结构间的柔性分子链造成的。

有机电流变材料的缺点是：基体的热稳定性较差，一般只能在低于100℃的条件下进行干燥处理；聚合物半导体由于是电子或空穴导电，在高电场强度作用下因电子跃迁造成的漏电流较大；制备工艺相对复杂、毒性大、工业化生产较困难。

③ 多层包覆电流变材料　复合型电流变材料是当今电流变材料发展的主流，一般由两种或两种以上不同性质的材料组成，其典型结构为核/壳结构。通过对复合颗粒介电常数和电导率的设计，可提高电流变液在电场作用下的剪切应力。由高介电常数的绝缘外层包覆高导电核心结构在高频或宽频下更具有应用前景，现有剪切屈服应力的理论值大约在30kPa，通过适当的设计，在可接受的电流密度下，可以获得接近100kPa的屈服强度。以玻璃球为核，在表面镀一层镍，然后再包一层二氧化钛，用这种复合颗粒作为分散相，所得到的电流变液与纯二氧化钛和纯玻璃球制得的电流变液相比，静态屈服应力可以提高两个数量级。

多层结构的主要缺点是：制备工艺复杂、成本高、厚度及均匀性不易控制、性能重现性比较差，此外长期工作过程中易出现层间脱落，极大影响电流变液的耐久性。

④ 有机-无机复合电流变材料　基于物理、化学设计的思想，制备出的有机-无机复合电流变材料，可显著改善颗粒的介电性能，提高电流变活性，已成为制备高性能电流变液的一条有效途径。

（2）电流变液的制备

在电流变液的制备中，分散相粒子的制备技术是决定电流变液性能的关键因素，因此，含水型电流变液和无水型电流变液的分散相粒子有着不同的制备方法。

① 含水型电流变液　对于含水型电流变体系中的分散相粒子的制备方法一般采用插层复合法。以 TiO_2 插层蒙脱土为粒子的电流变液制备工艺为：在较低的温度下，将蒙脱土在二次去离子水中充分溶胀，然后逐滴加入 TiO_2 溶液，升高温度至60℃，反应约4h；钛离子与蒙脱土硅酸盐层之间的中和层间负电荷的阳离子进行交换，TiO_2 像柱子一样嵌在蒙脱土结构层间，连接并撑开两邻近硅酸盐层，即得 TiO_2 插层蒙脱土的无机/蒙脱土复合颗粒。利用乳液共混插层法制备聚苯胺/蒙脱土纳米复合粒子，将产物与甲基

硅油按照3：10的质量比混合，配制成电流变液；其电流变效应较纯聚苯胺、蒙脱土及机械共混的聚苯胺/蒙脱土ERF有较大提高，具有良好的温度稳定性和优异的抗沉淀性。聚苯胺插入蒙脱土层间后，介电损耗有一定提高。随着温度升高，其漏电密度增大，导致材料在60℃以上时电流变效应减弱。以二甲基亚砜为前驱体，先使其插入高岭土层间形成高岭土/二甲基亚砜复合物并充分溶胀，之后进行加热并滴加羧甲基淀粉（CMS）溶液，反应约8h，将产物抽滤、洗涤、干燥后得到淡灰色颗粒——高岭土/羧甲基淀粉纳米复合粒子。将制得的复合颗粒放入玛瑙研钵中，研磨3h，研成细小、均匀的颗粒，硅油在100℃下干燥1h后，按颗粒、硅油体积比31：100混合均匀，即可得高岭土/羧甲基淀粉纳米复合物为分散相颗粒的电流变液。

② 无水型电流变液　无水型电流变体系的研究日益受到重视。无水型电流变液的工作温度范围较宽，克服了含水型电流变液工作温度范围窄的缺点，而且在体系中电流变效应的稳定性好，因而具有较远的发展前景。无水型电流变体系中分散相粒子的制备主要有以下几种方法。

a. 一般液相法。无水型电流变体系中分散相粒子材料主要有硅铝酸盐粒子材料、半导体粒子材料、复合粒子材料等。通过不同方法可以设计出不同结构的复合粒子、如核/壳复合型粒子、无机分子-小分子有机物复合粒子等。以 $BaTiO_x$-小分子有机物复合电流变液的制备为例，醋酸钡、钛酸正丁酯、十二胺、乙醇在 $40\sim60℃$ 下进行液相反应得到 $BaTiO_x$，所得的 $BaTiO_x$ 再与二甲基亚砜、甲酰胺、乙二醇、正戊醇等小分子有机物进行液相反应，最终得到 $BaTiO_x$ 与各小分子有机物的复合颗粒；研磨 $1\sim2h$ 再干燥 $4\sim8h$ 后，与 $15℃/2h$ 处理的二甲基硅油快速配制成颗粒/硅油质量比为37：100的电流变液。目前大多数电流变液的稳定性较差，悬浮颗粒在短时间内会发生沉淀，使电流变效应变弱甚至消失。其原因在于电流变液中分散相颗粒的密度一般较绝缘油密度大，两相密度悬殊导致电流变液稳定性变差。如果在颗粒表面直接聚合一层低密度材料，生成微囊复合颗粒，即可有效改善电流变液的稳定性。如 SiO_2/P复合颗粒电流变液的制备。甲基丙烯酸甲酯（MMA）和甲基丙烯酸（MAA）于60℃、空气气氛下，以亚硫酸氢钠为引发剂，在 SiO_2 纳米粉水悬浮液中进行自由基共聚反应。反应后，颗粒粒度平均为几微米，且颗粒均匀。通过反应在 SiO_2 上包裹一层低密度有机共聚物，形成的微囊复合颗粒解决了 SiO_2 与绝缘油由于密度悬殊而电流变液稳定性差的问题。

b. 自组装法。自组装法配合液相法可制备出多种电流变液的分散相粒子。HMS-DMS分子筛电流变液制备过程为：低温液相法制得HMS颗粒，洗涤、晾干后，与一定质量的二甲基亚砜（DMS）作用，使分子筛的孔道内有效地组装进小分子有机物DMS得到HMS-DMS颗粒，将所得到的颗粒和硅油按一定质量比混合即得HMS-DMS电流变液。自组装法的另一实例为β-环糊精包结物电流变颗粒的制备。用低温液相法合成β-环糊精聚合包结物颗粒，以β-环糊精聚合物（β-CDP）为主体，1-(2-吡啶偶氮)-2-萘酚（PAN）为客体，经自组装制成包结物（β-CDP-PAN），之后分散于二甲基硅油中制成电流变液。通过对其性能的测试，表明自组装可明显提高环糊精的流变性能和材料的介电常数。同时由于PAN中含有与环糊精内腔大小相匹配的萘环，经自组装进入环糊精内腔后，能挤出高能量的水；客体本身所具有的吡啶偶氮基、酚羟基及整体共轭性强的π电子可能使偶极取向极化强度增强，包结物的介电性能得到提高，故电流变效应增强。自组装方法具有如下优点：①结构明确、易于设计；②由主-客体相互识别得到的自组装材料，可通过不同客体的选择，实现介电调控；③制备方法简便、成本低。

c. 溶胶-凝胶法。溶胶-凝胶法是电流变液分散相粒子制备的一种重要方法。它可以在固体颗粒表面包裹其他材料，形成具有特殊性能的分散相粒子并以此改善ER效应。用溶胶-凝胶法包覆颗粒时，内核不仅可以是金属，也可以是电导率很大的半金属（如石墨等）甚至半导体。有研究者在进行TiO_2包覆石墨颗粒/硅油电流变液的研究中采用溶胶-凝胶法，在尺度为$5\sim10\mu m$的石墨颗粒上成功地包覆了TiO_2，制成了内部颗粒为导体、外部为绝缘体的低密度复合分散相粒子。对粒子进行XRD分析，结果表明TiO_2的包覆是完全的。将分散相颗粒与硅油混合并搅拌均匀，即配制成电流变液，其剪切应力较纯TiO_2/硅油电流变液提高了一个数量级。在制备分散相颗粒过程中为了增厚包覆层，可进行多次重复包覆。

6.2.2 磁流变体

磁流变体是一种新型的智能材料，其流变特性可由磁场强度控制。磁流变体在航空航天、汽车工业、桥梁设计等领域得到广泛的应用。

（1）磁流变体的分类

磁流变体共分为三种：磁流变液（MR fluids）、磁流变泡沫（MR foams）、磁流变弹性体（MR elastomers）等磁流变材料。

① 磁流变液　磁流变液（magnetorheological fluids，MRF）是 1948 年发明的一种新型可控智能材料，一般由分散的悬浮磁性颗粒、分散介质（基液、载液）、添加剂（稳定剂）等构成（如图 6-2 所示）。

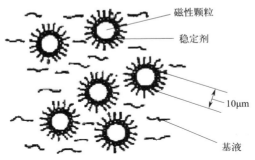

图 6-2　磁流变液组成

当有外加磁场作用于磁流变液时，磁流变液被磁化，其内部的铁磁性颗粒逐渐形成链状结构，产生明显的磁流变效应（如图 6-3 所示），即从牛顿流体转化成具有一定屈服应力的宾厄姆流体，并呈现类似固体的力学性质。当磁场不再作用于磁流变液的时候，磁流变液转化为可以流动的液体，并且这种转化是快速的（毫秒级别）、可控的、可逆的。由于磁流变液这种良好的流变特性，使其在柔性驱动器、汽车制造、航空航天、抛光技术、阻尼隔振等领域具有广阔的应用前景。

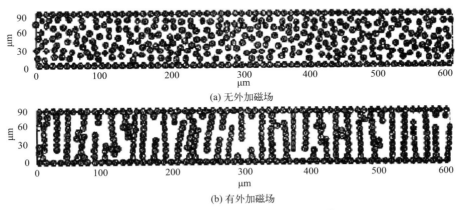

(a) 无外加磁场

(b) 有外加磁场

图 6-3　磁流变液在磁场作用下微观结构模型

② 磁流变泡沫　磁流变泡沫（magnetorheological foams）主要是将磁流变液吸附在具有吸附能力的基体上（如海绵、泡沫材料、纺织物等），其组成

及微观结构如图 6-4、图 6-5 所示。与磁流变液一样，在外加磁场作用下，磁流变泡沫也具有流变学特性。图 6-6 所示为磁流变泡沫直线阻尼器和磁流变泡沫刹车装置。

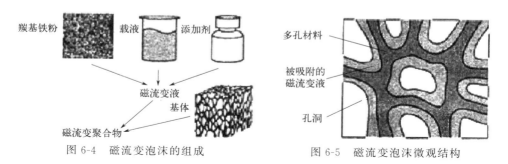

图 6-4　磁流变泡沫的组成 　　　　　　图 6-5　磁流变泡沫微观结构

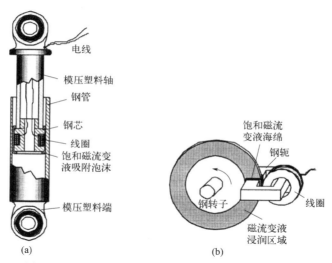

图 6-6　磁流变泡沫直线阻尼器和磁流变泡沫刹车装置

③磁流变弹性体　磁流变弹性体（magnetorheological elastomers，MRE）是磁流变材料中的一个新的分支，图 6-7 所示为磁流变弹性体的微观结构。

磁流变弹性体兼有磁流变材料和弹性体的优点，具有不易沉降、稳定性好、颗粒不易磨损等特点。同时，内部软磁性颗粒具有较小的剩磁、良好的可逆性，在外加磁场作用下能显著改变其弹性模量，并且其应用装置无须密封、特性稳定、响应速度快。得益于这些特性，磁流变弹性体广泛应用于需要进行刚度控制的小振幅振动系统中。

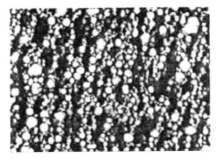

(a) 有场下制备的磁流变弹性体材料   (b) 无场下制备的磁流变弹性体材料

图 6-7　磁流变弹性体的微观结构

（2）磁流变体的制备

磁流变体种类较多，下面主要介绍磁流变液和磁流变弹性体的制备方法。

① 磁流变液　磁流变液的制备方法有传统制备法和基液置换法两种。传统制备法制备流程简单，直接将磁流变液的组分按一定的比例混合搅拌或球磨分散数小时即可制得磁流变液样品。但研究发现通过该方法制备的磁流变液沉降稳定性较差，因此其逐渐被基液置换法所取代。基液置换法需要先将磁性颗粒和添加剂放入去离子水或无水乙醇中，通过搅拌或者球磨对磁性颗粒进行改性，改性完成后将磁性颗粒放入真空干燥箱干燥，然后进行研磨、过筛，最后加入基液中进行搅拌或者球磨数小时，最终制备出磁流变液样品。磁流变液样品如图 6-8 所示。

磁流变液在基液置换法制备时所需要的组分主要包括如下三种：

a. 分散颗粒。分散颗粒应具有较高的磁化率和较低的磁滞率、较低的密

图 6-8　磁流变液样品

度、较高的稳定性以及较高的饱和磁感应强度，一般为软磁材料的球形颗粒，尺寸主要为微米级。磁性颗粒主要有羰基铁粉，Fe_3O_4，Fe_3N，铁、钴、镍及其合金颗粒等。一种羰基铁粉体积分数为 30% 的磁流变液在 $H = 318.31kA/m$ 的磁场强度下，屈服应力可以达到 $50kPa$。

b. 基液。基液是磁性颗粒分散的体系，应具有适宜的黏度、高沸点、低凝固点、密度较大、化学稳定性好、无毒、无异味、价格低廉等特点。目前磁流变液的基液有非磁性基液和磁性基液两种，其中应用较多的是非磁性基液，主要包括硅油、矿物油、合成油、植物油（如蓖麻油）等。水基磁流变液一般用于抛光。磁流体也可用作磁流变液的基液，以便制备出具有较好性能的磁流变液。

c. 添加剂。添加剂在磁流变液中不可或缺。由于分散颗粒的密度通常是基液密度的 7 倍左右（羰基铁粉的密度为 $7.91g/cm^3$、硅油的密度为 $0.963g/cm^3$），密度不匹配造成分散相很容易发生自然沉降。另外由于分散颗粒多为微米级甚至纳米级，具有较大的相界面和界面能，因而具有自动减少界面、粒子相互结聚的趋势。

表面活性剂是添加剂中最主要的一种。表面活性剂的分子结构中含有两种性质不同的基团，一种是亲水基，一种是疏水基。因此其分子具有亲水和亲油的双重特性，具有降低物质表面张力的作用，并且还有乳化、分散、增溶和发泡等作用。表面活性剂的分子亲、疏水基团结构不同，疏水部分多呈链状，其结构如图 6-9 所示。除了表面活性剂，常用的添加剂还有偶联剂、触变剂等。

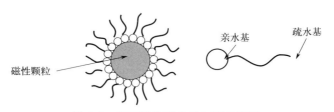

图 6-9　表面活性剂分子包覆示意图

偶联剂是一类具有两种不同性质官能团的物质，其分子结构中同时含有容易和无机物发生反应的亲无机物基团，以及容易与有机物发生反应或相互作用的亲有机物基团。因此偶联剂在用于有机物和无机物的混合物中时，能够起到连接作用，改善两种不同性质的物质之间的界面性能。

触变剂主要有四大类：气相二氧化硅、有机膨润土、氢化蓖麻油、聚酰胺蜡。触变剂加入树脂中，能使树脂胶溶液在静止时有较高的稠度，而在外力作用下又能变成低稠度流动的物质，产生触变现象。

②磁流变弹性体　制备磁流变弹性体（MRE）的原材料主要分为三种：铁磁性颗粒，高分子橡胶类（聚合物）基体，以及添加剂（如硫化剂和塑化剂等）。颗粒的磁性能是影响 MRE 磁致力学性能的最关键的因素。铁磁性颗粒种类的选取方面，高的磁导率和饱和磁化强度、低的剩余磁化强度是主要考虑的方面。高磁导率和饱和磁化强度能够使得 MRE 在较低的磁场下就能有很高的磁流变效应。低剩余磁化强度则能够保证 MRE 在外磁场下的磁流变性能够有比较好的可逆性。

基体种类的选取方面，基体对 MRE 磁致力学性能的影响较小，主要通过基体的模量大小变化影响 MRE 的磁流变效应。常见的基体材料有天然橡胶、硅橡胶（如聚二甲基硅氧烷 PDMS）、聚氨酯等，可以根据具体要求灵活地选择不同的基体。比如，天然橡胶模量高，力学性能优异，可以承受很高的负载。硅橡胶易于制备并且磁流变效应高，因此在 MRE 研究中采用较多，缺点是力学性能差，不能承受过高负载。聚氨酯和 PDMS 为两种新兴的 MRE 基体。这两种基体材料的特点是，在制备合成过程中可以通过不同的配方比例使得其强度能够在很宽的范围内变化，可以从磁流变胶体变化到磁流变弹性体。

添加剂方面，可以选择不同添加剂来对 MRE 性能进行增强。常见的添加剂有增塑剂、炭黑、石墨烯和碳纳米管等。增塑剂能够使得基体的塑性和流动性增加，来提高 MRE 的磁流变效应，同时会平均 MRE 内部应力，保证材料性能的稳定性。

MRE 的制备过程（以硅橡胶基体为例）通常可以分为以下三步（图 6-10）：首先，将三种原材料即铁磁性颗粒、硅橡胶基体以及添加剂（通常为硅油）按照一定的比例混合均匀；然后，将搅拌均匀的原材料混合物置入真空室中一定时间以除去内部存在的气泡；最后，将除去气泡后的混合物放入模具中，并在一定的温度下固化成型。固化过程按照是否加磁场可以制备不同微观结构的 MRE。固化过程不加磁场，磁性颗粒随机均匀分布在基体内并最终将其均匀结构保持在固化后的弹性体基体内，这种 MRE 被称为各向同性MRE。固化过程中，施加一定的磁场（通常称为预结构磁场），颗粒受预结构磁场的作用，沿磁场方向逐渐形成链状结构并最终将其链状结构保持在固化成型的基体内，这种 MRE 则被称为各向异性 MRE。

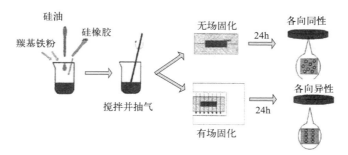

图 6-10　各向同性和各向异性的硅橡胶基 MRE 的制备过程示意图

6.3　电/磁流变体致动软体机器人及其应用

6.3.1　典型电/磁流变体致动软体机器人

电流变液在机器人系统中主要用于主动阻尼器、柔性驱动器、抑制振动等。

电流变（液）阻尼器在机器人振动控制的应用可以说是一种结合了主动和被动的振动控制模式，它是利用填充在其中的电流变液在电场作用下表现出黏度变化，使阻尼力实现无级调节，从而可以根据机器人振动状态，自动调节阻尼器的结构参数或阻尼器的振动状态，能够有效地抑制机械臂不同工况下多个频率的振动。同时由于电流变液具有响应速度极快的特点，电流变液阻尼器可以快速高效地抑制机器人柔性关节所产生的振动，实现机器人高度精确的位置控制。这还可以在技术上解决在机器人结构设计时所面临的既要保证机器人振动控制的可靠性要求，又要实现机器人轻型化、精密化目标的矛盾。图 6-11 为电流变液柔性驱动控制示意图。该系统的基本控制系统包括：驱动电机、减

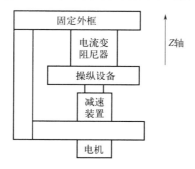

图 6-11　基于电流变阻尼柔性驱动图

速装置、电流变阻尼器和操纵设备。电流变液阻尼器下部连接操纵设备，上部连接固定外框。通过仿真计算得出，电流变液作为可变阻尼可明显地抑制机械臂的共振现象。将这种新型的控制系统与传统的 PD 控制系统进行对比分析，可以看出与传统的 PD 系统相比其频率响应特性明显改善，特别在反共振频率段；同时电流变液控制的响应速度优于传统 PD 控制，而且残余振动都得到了很好的抑制。

利用电流变液在电场作用下的快速相变，可以制成电流变阀，用于软体机器人的驱动装置。如图 6-12 所示的电流变阀，电极与电流变液接触的有用部分为 10mm×25mm，电极之间的距离由绝缘垫片的尺寸决定，为 0.25mm。阀门的简单配置显示出这是一个简单的制造和组装过程。

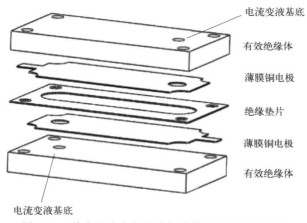

图 6-12　单个电流变阀的分解计算机辅助设计视图

4 个独立的阀门嵌入一个带有一个输入端口的单体中。这些阀门可以帮助机器人设计者增加致动器的数量，同时将机器人结构的复杂性和重量的增加降到最小。

基于上述简单的阀门，也可开发具有多个流体致动器的机器人，每个流体致动器可以由单个阀门控制。这给软体机器人和连续臂带来几个应用。具体来说，一系列这种紧凑型阀门可以开发出一种柔性连续臂，其弯曲值和位置可以通过安装在每个阀门上的几个流体致动器来控制。当致动器的容积增加时，相对的，致动器中的一些流体应该排空。同时，为了排空（回流），需要一个单独的软管。因此，对于连续臂，每个致动器需要两个不同的电流变阀来控制电流变流体的向前和向后流动，如图 6-13 所示。

根据上述的简单电流变阀，研制出蠕动机器人，这是一个简单的爬行软

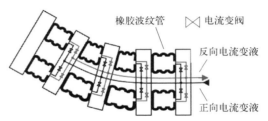

图 6-13　软射流连续臂

体机器人（图 6-14 和图 6-15），配备有两个电流变阀，能够在移动过程中改变方向。机器人本体内嵌两个有效面积 25mm×12mm、间隙 0.24mm 的 ER 阀。

图 6-14　蠕动机器人

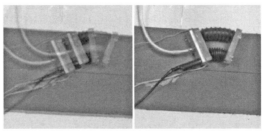

图 6-15　蠕动机器人运动连续拍摄图

蠕动机器人是靠风箱的伸长和回缩前进的。当电流变阀上的电压约为500V时,流向左、右波纹管的电流变流体会被阻断。这个特性使蠕动机器人能够在移动过程中改变方向。

对于水下搜寻软体机器人,驱动方式是决定机器人运动性能的关键。图 6-16 所示为基于电流变液设计的一款用于水下探索的全软体机器人的液压驱动阀,使用光固化快速成型技术制造阀体主体,精密成型内部细小复杂结构,以电流变流体作为工作介质,以镓铟锡液态合金作为电极材料。驱动阀整体质量不足 10g,保压能力超过 170kPa,射流流量大于 8ml/min。阀腔内压强在预期范围之内,阀体并不会因强度不足而出现损坏。

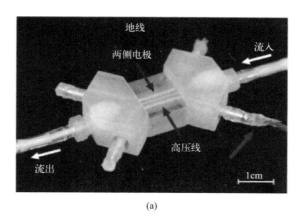

(a)

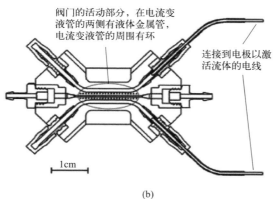

(b)

图 6-16 电流变液全软体机器人液压驱动阀

磁流变材料也在变刚度软体机器人领域有广泛的应用。目前,将高磁导率、低磁滞性的软磁性颗粒(如铁、钴、镍等)分散溶于非导磁性液体(如硅油、矿物油等)中制成的磁流变液是此类材料研究的方向。它能在液体与类固体之间发生可逆变化。图 6-17 所示为磁流变液的固化原理。图 6-18 所示为用电磁铁和新改进后的磁流变液设计的一种通用软体机器人抓手，含电磁铁通电产生磁场时，磁流变液中分布的磁性粒子发生极化效应，沿磁场方向形成具有一定硬度的链状或柱状结构，使机器人抓手的弹性模量发生变化从而实现夹取。这种抓手可以抓取任何形状的非磁性物体，最大夹持力可达到 50.67N。

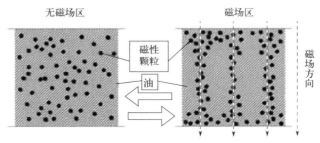

图 6-17　磁流变液固化机理

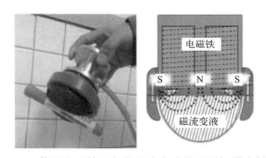

图 6-18　使用电磁铁和新的磁流变液的通用机器人抓手

以 MRE 为智能材料研发的一种新型软体驱动器，如图 6-19 所示。此驱动器共包含三部分：电磁铁、MRE 和硅胶弹性体。当硅胶通电时，具有高磁导率的 MRE 被磁化产生磁极，使得软体驱动结构在磁场力的作用下实现收缩变形；当电磁铁断电时，磁场消失，硅胶弹性体储存的弹性势能使结构恢复至初始状态。

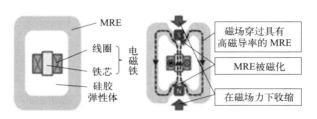

图 6-19　磁流变弹性软体驱动器的结构和工作原理

6.3.2 电/磁流变体致动软体机器人的应用

传统刚性机器人在与自然环境交互作用时，柔顺性方面存在一定的局限性，只能平行移动或者旋转运动；虽然具有运动精确的优点，但是对环境的适应能力有限，难以应用于复杂的非结构化环境，很大程度上限制了机器人的应用范围。如同人体灵活的躯干与肌肉，软体机器人柔软的机体、弯曲的形态和不规则的表面令其在不同环境中能够更为灵活地运动。得益于这些特点，软体机器人在生活中有很多应用。电/磁流变体致动软体机器人主要应用在抓持作业、探测灾后现场环境方面。

设计软体抓持器一直是软体机器人研究的一大热点。由于具有柔软特性，软体抓持器可以很好地包裹住不同形状与不同大小的物体，对抓取易碎物品具有很好的优势；并且其一般由硅胶等柔性材料制成，成本较低、结构简单、易于批量化生产，因此在物体抓持上具有更好的应用前景。图 6-20 所示是一种利用巨电流变液实现分段弯曲的软体手指。

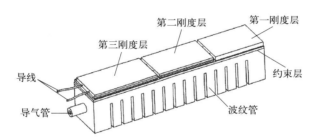

(a) 巨电流变液实现分段弯曲的软体手指图

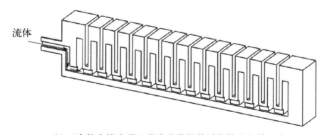

(b) 巨电流变液实现分段弯曲的软体手指的波纹管示意图

图 6-20　巨电流变液实现分段弯曲的软体手指

变刚度层的巨电流变液层填充在凹槽内，通过控制软体手指各个指节的变刚度层外加电场的通断，实现各个指节刚度变化，进而实现手指多种不同的构型，以适用于各种不同的应用场景；且控制手指上每个指节的刚度变化来实现软体手指的分段弯曲，使得软体手会有更大的抓取范围；抓取不同形状的物体时，选取合适的手指构型可以实现与物体更大范围的接触面积。利用巨电流变液材料实现软体手指刚度的明显变化，以保证最终抓取物体时的力度和稳定性；当给巨电流变液加上一定强度的电场时，所述巨电流变液由于自身会变成固态，且刚度会随着电场强度的增加而增加，从而实现软体手指变刚度，以实现对目标的抓取。图 6-21 为巨电流变手指波纹管的工作状态示意图。

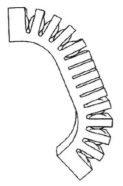

图 6-21　波纹管的一种工作状态示意图

近年来，地震、台风、化工等自然灾害及事故频发，事故、灾害等现场往往具有很大的不确定性，存在多障碍、空间狭小、易发生二次灾害等困难，因此准确探测灾后环境成为一个重要步骤。图 6-22 所示为解决上述问题所设计的蛇形柔性机器人关节结构。

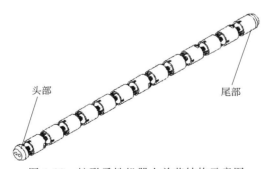

头部　　　　　　　　　　尾部

图 6-22　蛇形柔性机器人关节结构示意图

该蛇形机器人采用轮盘式磁流变液机构驱动两组正交连接的锥齿轮，通过蛇形机器人的关节偏转控制进而实现俯仰、偏转运动。磁流变液轮盘式结构部分电流由控制器单独控制，在关节执行器控制基础上，改变流经线圈的电流大小以改变轮盘内磁感应强弱，控制磁流变液黏度（即阻尼力）实现柔性调节。在蛇形机器人各种运动状态可控的前提下，可大大提高蛇形机器人关节模块在复杂环境下的保护和控制能力，为复杂环境的监测提供了可能。

参 考 文 献

[1] 许素娟，王彪. 电流变体作用机理的研究 [J]. 材料导报，1998（06）：6-8.

[2] Rabinow J. The magnetic fluid clutch [J]. Electrical Engineering，1948，67（12）：1167.

[3] Dong X M，Yu M，Liao C R，et al. Comparative research on semi-active control strategies for magneto-rheological suspension [J]. Nonlinear Dynamics，2010，59（3）：433-453.

[4] Fujitani H，Sodeyama H，Tomura T，et al. Development of 400kN magnetorheological damper for a real base-isolated building [C]//Smart Structures and Materials 2003：Damping and Isolation. SPIE，2003，5052：265-276.

[5] Alam Z，Khan D A，Jha S. MR fluid-based novel finishing process for nonplanar copper mirrors [J]. The International Journal of Advanced Manufacturing Technology，2019，101（1-4）：995-1006.

[6] Aravind T，Arunachalam N，Kennedy A X. Physical insights about magnetic flux distribution and its effect on surface roughness in MR fluid based finishing process [J]. Materials Research Express，2018，6（1）：016104.

[7] Nagdeve L，Sidpara A，Jain V K，et al. On the effect of relative size of magnetic particles and abrasive particles in MR fluid-based finishing process [J]. Machining Science and Technology，2018，22（3）：493-506.

[8] Singh A K，Jha S，Pandey P M. Performance Analysis of Ball End Magnetorheological Finishing Process with MR Polishing Fluid [J]. Materials and Manufacturing Processes，2015，30（12）：1482-1489.

[9] Halsey T C. Electrorheological fluids [J]. Science，1992，258（5083）：761-766.

[10] Halsey T C，Martin J E，Adolf D. Rheology of electrorheological fluids [J]. Physical Review Letters，1992，68（10）：1519.

[11] Klass D L，Martinek T W. Electroviscous Fluids. Ⅰ. Rheological Properties [J]. Journal of Applied Physics，1967，38：67-74.

[12] 张平，王东亚，黄元龙. 磁流变体材料及性能影响因素 [J]. 材料导报，2000，14（4）：57-60.

[13] 张平，刘奇，王东亚，等. 磁流变体的制备及性能 [J]. 化学物理学报，2001，14（5）：559-562.

[14] 刘奇，张平，王东亚，等. 磁流变体（MRF）材料的制备及性能研究 [J]. 功能材料，2001，32（2）：257-259.

[15] Filisko F E，Armstrong W F. Electric field dependent fluids：US-4744914-A [P]. 1988-05-17.

[16] Block H，Kelly J P. Electrorheological fluids：US-4687589-A [P]. 1987-08-18.

[17] Choi H J，Kim T V，Cho M S，et al. Electrorheological characterization of polyaniline dispersions [J]. European Polymer Journal，1997，33：699-703.

[18] Clioi H J，Cho M S，To K. Electrorheological and dielectric characteristics of semiconductive polyaniline-silicone oil suspensions [J]. Physica A：Statistical Mechanics and its Applications，1998，254：272-279.

[19] Clioi H J，Kim J W，To K. Synthesis and electrorheological behavior of semiconducting poly (aniline-CO-O-ethoxy aniline) [J]. Synthetic Metals，1999，101：697-698.

[20] Clioi H J，Kim J W，To K. Electrorheological characteristics of semiconducting poly (aniline-CO-O-ethoxyaniline) suspension [J]. Polymer，1999，40：2163-2166.

[21] Conrad H，Wu C W，Tang X. Conductivity in electrorheology [J]. International Journal of Modern Physics B，1999，13 (14-16)：1729-1738.

[22] 路军，赵晓鹏. 聚苯胺/蒙脱土电流变液的稳定性 [J]. 材料研究学报，2002，16 (006)：640-644.

[23] 王宝祥，李佳，赵晓鹏. 高岭土/羧甲基淀粉复合颗粒及其协同电流变效应 [J]. 化学学报，2003 (02)：240-244.

[24] 罗春荣，李焱，赵晓鹏，等. 复合颗粒电流变液的制备及其性能 [J]. 材料工程，1999 (05)：36-38.

[25] 高子伟，赵晓鹏，梁晓强，等. β-环糊精包结物电流变颗粒的制备和性能 [J]. 材料研究学报，2002 (02)：126-130.

[26] 许素娟，门守强，王彪，等. TiO_2 包覆石墨颗粒/硅油电流变液的研究 [J]. 物理学报，2000，49 (11)：2176-2179.

[27] Ashtiani M，Hashemabadi S H，Ghaffari A. A review on the magnetorheological fluid preparation and stabilization [J]. Journal of Magnetism and Magnetic Materials，2015，374：716-730.

[28] Olabi A G，Grunwald A. Design and application of magneto-rheological fluid [J]. Materials & Design，2007，28 (10)：2658-2664.

[29] Jun J B，Uhm S Y，Ryu J H，et al. Synthesis and characterization of monodisperse magnetic composite particles for magnetorheological fluid materials [J]. Colloids and Surfaces A：Physicochemical and Engineering Aspects，2005，260 (1-3)：157-164.

[30] Lee C H，Jang M G. Virtual surface characteristics of a tactile display using magneto-rheological fluids [J]. Sensors，2011，11 (3)：2845-2856.

[31] Carlson J D，Jolly M R. MR fluid, foam and elastomer devices [J]. Mechatronics，2000，10 (4-5)：555-569.

[32] Scarpa F，Smith F C. Passive and MR fluid-coated auxetic PU foam-mechanical，acoustic，and electromagnetic properties [J]. Journal of Intelligent Material Systems and Structures，2004，15 (12)：973-979.

[33] 王松. 磁流变体的电磁学特性及其传感技术研究 [D]. 重庆：重庆师范大学，2012.

[34] Rigbi Z，Jilkén L. The response of an elastomer filled with soft ferrite to mechanical and magnetic influences [J]. Journal of Magnetism and Magnetic Materials，1983，37 (3)：267-276.

[35] 韩猛猛. 传动用磁流变液的制备及高温性能研究 [D]. 徐州：中国矿业大学，2019.

[36] 刘奇，唐龙，张平. 实用型磁流变体材料研究 [J]. 功能材料，2004，35 (3)：291-292.

[37] Bossis G，Volkova O，Lacis S，et al. Magnetorheology：Fluids，Structures and Rheology [J].

Ferrofluids，2002：202-230.

［38］董国君，苏玉，王桂香 . 表面活性剂化学［M］. 北京：北京理工大学出版社，2009.

［39］王军 . 表面活性剂新应用［M］. 北京：化学工业出版社，2009.

［40］熊联明 . 偶联剂的生产与应用［M］. 北京：化学工业出版社，2017.

［41］Wu J K，Gong X L，Fan Y C，et al. Anisotropic polyurethane magnetorheological elastomer pre-pared through in situ polycondensation under a magnetic field［J］. Smart Materials and Structures，2010，19（10）：105007.

［42］Hou C L，Gao L，Yu H L，et al. Preparation of magnetic rubber with high mechanical properties by latex compounding method［J］. Journal of Magnetism and Magnetic Materials，2016，407：252-261.

［43］文乾乾 . 磁流变弹性体磁致力学性能研究［D］. 合肥：中国科学技术大学，2019.

［44］黄冉，周前祥，王一豪 . 基于电流变液的机械臂控制系统设计与仿真［J］. 机械设计与制造，2012（12）：4-6.

［45］Sadeghi A，Beccai L，Mazzolai B . Innovative soft robots based on electro-rheological fluids［C］// 2012 IEEE/RSJ International Conference on Intelligent Robots and Systems. IEEE，2012.

［46］王忠睿，李涤尘 . 3D 打印制造软体机器人电流变驱动阀［EB/OL］.（2018-06-14）. http：// www. am-cmes. org. cn/technology/155. php.

［47］Nishida T，Okatani Y，Tadakuma K . Development of Universal Robot Gripper Using MRα Fluid ［J］. International Journal of Humanoid Robotics，2016：1650017.

［48］韩斌，徐德南，黄添添，等 . 一种利用巨电流变液实现分段弯曲的软体手指：CN：2020 10774693. 5［P］. 2020-12-08.

［49］曹政才，耿鹏，李俊宽，等 . 一种基于正交关节的柔性驱动的蛇形机器人机构：CN2018 11596807. 0［P］. 2019-03-19.

第7章
流体致动软体机器人

　　经过几十年的发展，流体致动渐渐成为一个完整的、成熟的致动方式。从 20 世纪初科学家对软体机器人开始探索，到目前对软体机器人的研究日益深入并取得了众多成果，流体作为软体机器人众多致动方式的一种，一直以来发挥着不可替代的作用。软体机器人最基础而又最关键的部分便是软体致动器，采用流体致动更是软体机器人致动方式中最常见，也是最早被运用的一种致动形式。最早的气压致动器可追溯到美国物理学家 McKibben 设计的 PMA（pneumatic muscle actuator）。流体致动的软体机器人经过几十年的研究已经取得丰硕的成果，近年来各种不同结构和不同功能的流体致动软体机器人相继被提出，极大地丰富了流体致动软体机器人的研究与应用，图 7-1 所示为流体致动软体机器人的发展历程。

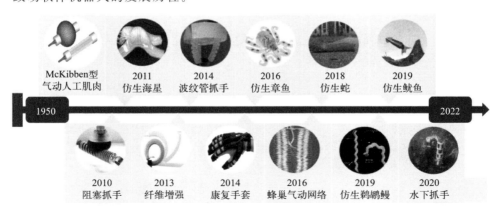

图 7-1　流体致动软体机器人的发展历程

利用气、液等流体作为工作介质，可实现预期变形和运动的软体机器人，我们将其统称为流体致动软体机器人。在本章中，根据流体致动介质的不同，将软体机器人流体致动方式分为气压致动和液压致动；根据结构类型，分为弹性流体型、波纹型、折叠型和纤维约束型四大类。同时进一步介绍了目前流体致动软体机器人的常用材料和制造方法，并对其应用领域进行概述。

7.1　流体致动器及其特点

7.1.1　流体致动器工作原理

基于流体（液体和气体）的变压致动是通过控制密封型腔内流体的体积，来改变腔体中的压力；通过密封型腔的膨胀或收缩而形成致动力，来实现软体机器人不同部位的伸缩、扭转、弯曲、缠绕等变形形式，以达到要求的运动特性，完成相应的预期目标。

7.1.2　流体致动器的特点

作为致动介质的流体既可以是液体也可以是气体。液体具有很好的不可压缩性，响应频率高，在没有泄漏的情况下不会损坏，因此在软体机器人致动中有很好的应用前景；其缺点是液体具有较大的密度，这极大制约了它的应用。由于空气来源广、无污染、重量轻、反应速度快、功率密度高、柔顺性好等优点，气压致动相比液压致动来说应用更为常见和广泛，但是也需要相应的外置管道、压缩气泵、电磁阀等配套设备，对腔体的密封性要求高，同时在运动精确控制、系统可靠性等方面存在着问题和挑战，有待优化和创新。

7.2　流体致动器的分类

根据流体致动器的结构类型，大致可分为弹性流体型、波纹型、折叠型和纤维约束型四大类。

7.2.1　弹性流体致动器

由弹性模量低、变形能力大的弹性橡胶类材料构成主体结构，通过低压气体或者液体致动的致动器称为弹性流体致动器。其运动取决于致动器材料在空间上或者结构上分布的不均匀性，如致动器腔体壁厚的不均匀单元或致动器单元结构不对称，最终使致动器整体弯曲，所以弹性流体致动器运动形式一般以弯曲较多。

（1）圆柱形弹性流体致动器

图 7-2(a) 所示为一种圆柱形弹性流体致动器，其整体由两种硅橡胶 Ecoflex 00-30 和 PDMS（聚二甲基硅氧烷）所浇铸而成，内含 3 个气体通道，通过插入气体通道的聚乙烯管来充入气体。由于 PDMS 和 Ecoflex 00-30 相比硬度较高，PDMS 材料位于芯部，起着增强整体刚度的作用。而 Ecoflex 00-30 比 PDMS 柔软灵活，用作致动器的主体结构或用于气体通道的制造。分别控制 3 个气体通道的压力值，可以使得致动器产生不同形式的弯曲，进而产生三维运动。通过串联多个致动器单元，可以实现更为复杂的运动，图 7-2(b) 显示了多个圆柱形弹性流体致动器串联后，可完好无损地缠绕抓取一朵花和牢固抓住马蹄形物体等。

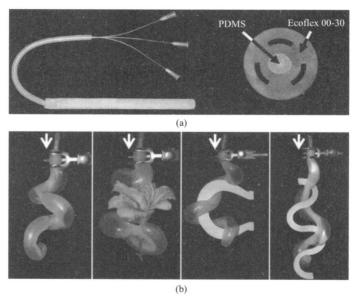

图 7-2　圆柱形弹性流体致动器

（2）含肋状结构的弹性流体致动器

单纯的柱状气室结构在内部压力的作用下会有显著的径向膨胀变形，同时也会产生较大的弹性内力，影响其致动性能。肋状结构将气腔设计成相互联通的线性阵列矩形结构，这样的设计可以很好地解决上述柱状气室的弊端。图 7-3 所示的是一种低压气动致动的四足多步态软体机器人，其由 5 个肋状致动器构成，每个致动器连接独立的气道通气网络，整体结构由可伸缩的顶层和不可伸缩的底层（PDMS 限制层）组成。在单个腔室充气过程中，可伸缩顶层和不可伸缩底层之间的应变差异导致软体机器人的肢体发生弯曲。通过控制气动阀门对不同致动器进行充放气、增压减压，以及控制不同的致动顺序，来实现机器人的爬行，从而能在障碍物中正常工作。

图 7-3　四足多步态软体机器人

弹性流体致动器的主体一般为橡胶类材料，使得其柔顺性好、变形能力强，可通过浇铸一体化成型，使得其制造简单、应用较广泛。但是单纯采用橡胶类材料，如 PDMS 和其他硅橡胶等，会出现致动器承受气压压力低、刚度较低的问题。因此，弹性流体致动器多用于刚度和致动力要求不高、灵活和柔顺性好的场合，例如可搭载摄像头起监控作用或者用于制作软体机器鱼等。

7.2.2　波纹结构软体致动器

常见的一体式致动腔在大变形时因产生较大的弹性内力而需要很大的致动力才能抵消。为了解决这一问题，有研究人员提出从致动器结构上入手，设计出波纹结构。波纹结构沿着周向分布，轴向起伏，使得其径向刚度较大而不易变形，轴向具有大的收缩和弯曲能力。这使一些高弹性模量的材料用于软体机器人的制造成为可能。

（1）Pneu-Net 软体致动器

Pneu-Net 软体致动器是一种典型的波纹结构软体致动器，如图 7-4 所示。其由弹性材料制造通气通道，由致动层和嵌入纸张的应变限制层组成；由于在充压后顺应性不同，致动层产生的形变远远大于应变限制层，表现出向应变限制层弯曲的动作。传统的 Pneu-Net 软体致动器，本书简称为 SPN，可理解为简单的 Pneu-Net。其实现完整的弯曲动作，需要的气体量大。$\Delta V/V$ 是描述 Pneu-Net 性能参数的重要指标之一，SPN 实现完整的弯曲动作，通常需要

$\Delta V/V$ 值大于 20，对 $\Delta V/V$ 值较大的要求限制了其使用性能：①需要大量气体致动，致动速度慢；②占地面积大；③弹性材料的大变形，缩短了其使用寿命。为了克服以上缺陷，减少致动所需流体量、提高致动速度，研究人员设计了 FPN（fast Pneu-Net）软体致动器。

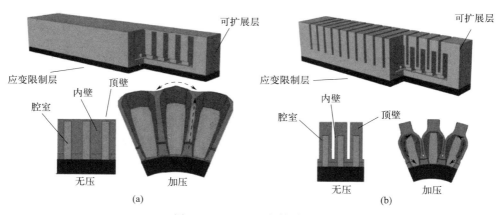

图 7-4　Pneu-Net 软体致动器

SPN 和 FPN 都由致动层和嵌入纸张的应变限制层组成，SPN 的顶层厚度小于侧壁，充压后顶层优先扩张并拉伸内壁，导致 SPN 致动器的弯曲。与 SPN 相比，FPN 不同之处在于每个单气腔并不共用同一侧壁，而是单个气腔的侧壁相互具有间隙，侧壁厚度较顶层厚度更薄，充压膨胀后优先扩张侧壁，两个相邻气腔相互挤压，而顶层高度基本不变，导致 FPN 致动器的弯曲。实验结果显示，要使致动器完全弯曲，SPN 所需压力是 FPN 的 3 倍，所需流体体积约是 FPN 的 8 倍，需要能量约是 FPN 的 35 倍。FPN 相比于 SPN，减少了气体用量；基于 FPN 的软体机器人缩小了整机尺寸，同时减少了功耗，提高了末端输出力，提升了 SPN 的整体性能。

（2）圆柱形波纹结构软体致动器

波纹管的形状一般为圆柱形，如图 7-5(a) 所示为一种液动波纹管状致动器，该致动器由连接部分、加固圈、弹性波纹管组成。单个和多个的组合可以实现二维运动（蠕动、蛇形运动、履带式运动）和三维运动。气动波纹管状致动器，如图 7-5(b) 所示的象鼻状柔性仿生机械臂 BHA，由 SLS 选择性激光烧结技术一体化制作而成，其致动结构由三个圆柱形波纹管组成，可实现多自由度的灵活动作。

波纹结构致动器在较小的流体压力下，即可快速产生很大范围上的运动。

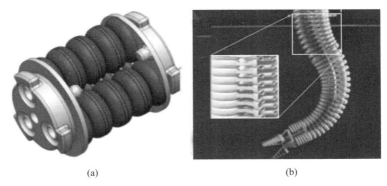

(a)　　　　　　　　　　　　(b)

图 7-5　圆柱形波纹结构致动器

这减少了流体的使用量，同时材料的应变较小，提高了致动器的使用寿命。然而低压驱动，使得其输出力往往是有限的，同时复杂的结构，也对制造提出了更高的要求。

7.2.3　折叠软体致动器

传统软体致动器由于其主要组成材料硅橡胶所表现出的固有材料特性，它们在性能上往往缺乏鲁棒性和可重复性。折叠结构因其变形率高、设计制造简单、重复性大等特点，越来越被研究者重视。

(1) 正压展开软体致动器

如图 7-6 所示是一种折纸增强型柔性气动致动器，是由柔性致动器和其外部基于 Yoshimura 折痕图案的折纸外壳所组成。在这里折纸外壳的使用可以限制其最大位移和充气极限，保护软体致动器腔体。折纸外壳的存在使得致动器可承受更高的充气压力，传递更大的转矩，同时还可提供运动引导来提高运动精度。

图 7-6　折纸增强型柔性气动致动器

哈佛大学一研究团队制造的褶皱粘连致动器（图 7-7），将无拉伸材料（纸张、织物和纤维等）嵌入到弹性体中复合成可控各向异性的材料，来提高软体致动器的运动范围。通过将不同部分的褶皱黏合起来，再用硅胶固化包裹而成的气动软体致动器，可实现伸长、收缩、弯曲、伸缩加扭转等多种运动。折叠结构的添加增强了软体致动器的刚度和各向异性，减轻了重量，使其可提起自身重量 120 倍的重物。

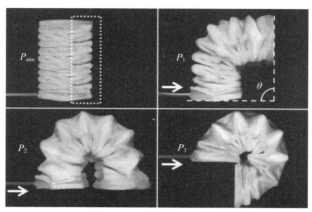

图 7-7   褶皱粘连致动器

（2）负压屈曲软体致动器

真空负压致动的软体致动器可在压力差的作用下屈曲收缩，来完成特定的功能。软体致动器由负压致动，比正压更加安全，结构也更加紧凑，降低了对运动空间和安装空间的要求。

如图 7-8（a）所示的一种基于折纸骨架的人工肌肉，有着人类肌肉不可比拟的力量优势，可举起自身重量 1000 倍的物体。该人工肌肉由三个基本单元构成：可折叠骨架、密封皮肤和流体介质。当人工肌肉工作时，密封皮肤将流体介质和环境内外分隔开，随着内部流体的体积变化，内外压差将会使密封皮肤形成张力，这种张力作用于以特定模式折叠或展开的骨架上，来致动人工肌肉。制造该人工肌肉的材料和方法是多种多样的，折纸骨架可由尼龙、PEEK 等材料 3D 打印而成，密封皮肤可用 TPU、PVC 薄膜、尼龙等材料。通过骨架结构的编程设计，以及不同骨架形式的组合，该人工肌肉可完成收缩、弯曲、扭转等多种复合动作，可应用于手术抓手、深海探索等众多领域。

如图 7-8（b）所示的基于 3D 打印的折纸魔术球抓手，可以包裹被抓取物体的一部分，提起自身重量 100 多倍的物品。该抓手由三部分组成：折纸骨架，包裹折纸骨架的气密皮肤和连接器。折纸魔术球是由一张矩形纸片，通过特定的折叠方法，形成球形或圆柱形，在外力下具有显著的径向收缩特性，其收缩率可达90％以上。当将"魔术球"的一端收缩固定，另一端将会自然展开，形成一个中空的半球形。当抓手工作时，负压将使得半球形向内收缩，然后抓紧物体。这种新型的抓手可以适应多种物体，比如汤罐、酒杯，甚至是一些蔬菜食物。

(a) 折纸骨架人工肌肉　　　　　　　　　(b) 折纸魔术球抓手

图 7-8　负压屈曲软体致动器结构

折叠气动软体致动器最大的特点便是由于可以折叠而获得较大的体积变化率和变形率。但是折叠气动软体致动器在变形后，如果储存的应变能过少，回复力较小，需采取相应的恢复措施。

7.2.4　纤维约束致动器

纤维约束致动器通过在致动器中加入纤维结构（纤维、织物等），使得弹性腔体具有各向异性的力学特性，进而达到其弹性膨胀的可选择性。按约束纤维的结构形式又可将该致动器细分为袖套式、嵌入式和复合式。

（1）袖套式

如图 7-9 所示，最早的气压致动软体机器人是由美国原子物理学家McKibben 设计的 PMA（pneumatic muscle actuator）。McKibben 肌肉是最早的人工肌肉之一，当时被用于残疾人的康复训练。它是以气体为工作介质，将气体的压力能转换成机械能的装置，属于袖套式编织约束结构的气动致动器。

基于袖套式纤维约束结构的气动软体致动器主要由可膨胀弹性内腔、袖套式编织约束结构以及连接结构等组成。根据袖套结构的不同约束形式，致动器能够沿一定方向产生伸长、收缩、弯曲、缠绕、扭转、回转、摆动等多种运动。McKibben 型气动人工肌肉的弹性内腔和编织网与两端端盖相连。弹性内腔是气动人工肌肉的关键部位，两端连接端盖起着密封的作用，同时也是机架与弹性内腔和编织网套的连接元件。编织网由尼龙等高强度纤维构成，具有很好的柔性，是将气体压力能转化成输出力和位移的核心部件。

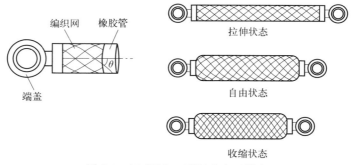

图 7-9 McKibben 型气动人工肌肉

（2）嵌入式

嵌入式纤维致动器是由弹性基体和在其内部嵌入的纤维构成。纤维走向与基体圆周方向的夹角定义为纤维升角 α。当 α 为 0°时，通入压缩气体后纤维限制径向膨胀，对轴向限制作用最小，轴向伸长最大。当 α 在 0°到 90°范围之间时，随着角度的增加，径向限制减弱，导致径向膨胀变大，轴向限制增加，导致轴向伸长减小。改变 α 值，可以实现致动器的轴向伸缩、弯曲和扭转等，通过串联不同纤维升角 α 的致动器，可实现更为复杂的组合运动。

最为经典的嵌入式纤维致动器之一，是日本东芝公司开发的三自由度的微型软体机器人 FMA（flexible microactuator），如图 7-10 所示。其本体结构使用的是纤维增强橡胶，由气动系统控制。该致动器由硅橡胶构成的圆柱形腔体被平均分成 3 个独立的气室，每个腔室单独连接通气管，硅橡胶外壁中嵌有尼龙纤维。3 个气室压力的分配方案和角度 α 的不同使得该机器人可完成伸长、弯曲、扭转等运动形式。在后来的研究中该团队还研发了无纤维的 FMA，其特性介于纤维增强 FMA 和非优化无纤维 FMA 之间。优化后的 FMA 能够通过挤出成型工艺来制造，从而将 FMA 的实际应用范围大大扩展。例如基于 FMA 设计的蝾螈游泳机器人，其可像活鱼一样在水中畅游。

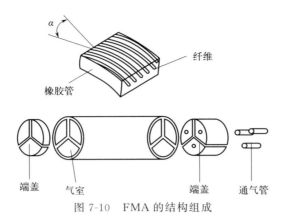

图 7-10　FMA 的结构组成

纤维
橡胶管
端盖　气室　　　　　端盖　通气管

(3) 复合式

当然也有结合袖套式和嵌入式纤维约束的特点，制作致动器的例子。图 7-11 所示的是纤维增强型的可编程弯曲致动器，该弯曲致动器整体呈半圆柱状，采用多步成型工艺制造。在底部嵌入限制纤维，构成应变限制层，使得充气后产生弯曲效果，同时将纤维缠绕在致动器的主体部分来限制其径向膨胀。在弯曲致动器上布置套筒（热收缩管），可以限制覆盖部分的弯曲而不影响其他部分的弯曲，这种布置使得致动器可实现较小的曲率半径。同时调整套筒位置和套筒间距离，可对弯曲致动器的弯曲效果进行机械编程。

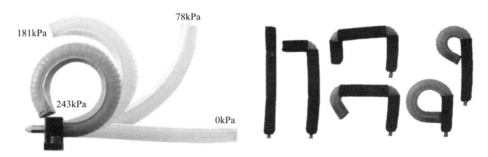

78kPa
181kPa
243kPa
0kPa

图 7-11　纤维增强型的可编程弯曲致动器

总的来说，纤维约束致动器由于纤维的存在，变形能力受到限制，与弹性流体致动器相比，纤维约束致动器可承受更大的气压，传递更大的载荷。纤维约束结构包括袖套编织式和纤维嵌入式。前者由于弹性气囊和编织结构之间的摩擦作用，会有一定的阻滞效应；后者，虽然纤维嵌入弹性气囊中阻滞效应不明显，但也存在纤维影响柔性腔壁变形能力的问题。

7.3　介质材料

7.3.1　现有材料

软体机器人主体材料一般由杨氏模量低于 10^9 Pa 的柔软材料制成，目前制作流体致动类软体机器人的材料主要是弹性高分子材料。同时，一些刚性材料如织物、颗粒和纸张等，与弹性高分子材料相配合，起着增强、堵塞和限制的作用。

硅橡胶（如 PDMS）这种弹性高分子，因其杨氏模量与生物组织（血管、皮肤、肌腱等）相当，制成的软体机器人有着很高的自由度，适应性较强，被用作软体机器人的常用材料。硅橡胶最早由美国合成，具有耐热能力强、透气性能好、耐油污等优点，是一种化学性质稳定的弹性体材料。聚二甲基硅氧烷（PDMS）以其易制备和低成本的优势，也成为最常用的材料。如图 7-12 所示的仿生机器蛙的关节式气动软体致动器，由弹性体、气腔、应变限制层、纤维以及固定端组成。弹性气腔所用材料为美国 Smooth-On 公司生产的 Ecoflex 00-50 硅橡胶，应变限制层材料为美国道康宁公司生产的型号为 Sylgard 184 的 PDMS。由于增强纤维和应变限制层的共同作用，当致动器腔体气压升高时，致动器径向和外侧的膨胀被限制，其内侧膨胀，使得致动器沿着圆弧逐渐伸展打开，此动作将驱动仿生机器蛙的腿部运动。

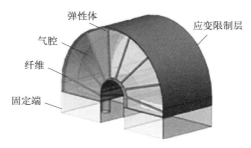

图 7-12　关节式气动软体致动器

纤维和织物通常限制弹性气腔的加压膨胀，以实现软体致动器的可编程运动。由纤维和织物组成的软体致动器，在结构和功能上与生物的肌肉相似，多用于人工肌肉。同时由于简单的纤维通过编织组合可实现复杂的驱动，其逐渐用于可穿戴设备的制造，以帮助病患进行康复训练。一些特殊纤维，既可作人工肌肉的执行部件（编织网套），又可作其柔性传感器。例如可导电纤维和光纤，将人工肌肉运动时纤维电阻和光量的变化转变成电信号输出，实现人工肌肉的自感知功能。一些通过堵塞机制实现变刚度的软体致动器，通常所用的材料还包括塑料薄膜和不同材料的堵塞颗粒。

7.3.2　新材料

新材料的不断创新，给予了软体机器人新的功能。如杨氏模量随温度的变化而变化的油水凝胶材料，该材料具有变刚度和自愈合的功能。基于此材料，研究人员设计了刚度可调的软体抓手［图 7-13(a)］，在气热混合致动下，通过调节抓手的弹性模量，使得其低于被夹持物的弹性模量，来更安全地抓取物品，避免损伤。同时该材料还用于制作仿生章鱼的吸盘，仿生章鱼触手［图 7-13(b)］具有弯曲加吸附的功能，对不同粗糙度、不同形状的物体都有良好的抓取能力。

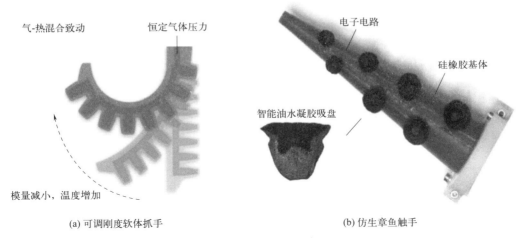

(a) 可调刚度软体抓手　　　　　　　　　(b) 仿生章鱼触手

图 7-13　油水凝胶的应用

7.4　流体致动器的制造方法

软体机器人的制造方法主要有浇铸成型、形状沉积、软光刻、3D 打印等。每种制造方法各有优缺点，在制造软体机器人时往往是多种制造工艺相互配合。

7.4.1 浇铸成型

浇铸成型主要用于制造以硅胶等材料为主体的软体机器人，可实现带有复杂腔室的软体机器人的制造。制造过程如下：①制作模具，通常采用普通 3D 打印机打印模具；②向制作好的模具中倒入已经调制完毕的硅胶液体，固化硅胶；③硅胶完全固化后脱模取出。图 7-14 所示，是一种通过浇铸成型制成的弹性流体致动器：首先以 ABS 为材料通过 3D 打印制作出气室、中央通道和外围包裹的模具，之后将其他硅橡胶和 PDMS 分别倒入模具，在合适温度下固化后形成致动器主体和中间加强芯，之后对其脱模，致动器便制作完成。由于 ABS 和硅橡胶间黏附力较低，因此容易脱模，不会造成致动器的损坏。所以对于过于复杂的腔体，脱模可能会遇到困难，可使用脱模剂对模具表面处理、引入分体式模具和熔模铸造等方法。

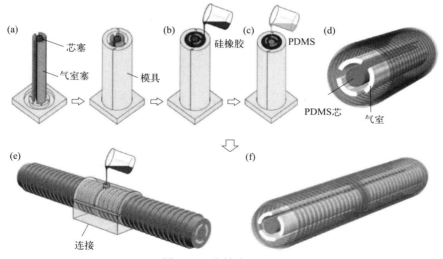

图 7-14　浇铸成型过程

熔模铸造可以构造内部形状复杂的腔体。首先将石蜡作为填充物放入模具中，构造出所需的复杂腔体，之后用硅胶浇铸来填充空隙，等待石蜡和硅胶彻底冷却。之后将整体模具放入烤箱加热，由于石蜡的低熔点性，可熔化后去除，留下的便是所需的复杂腔体。熔模铸造工艺示意图见图 7-15。

浇铸成型也存在一定的局限性。浇铸成型腔体会出现微小的气泡，微小气泡的存在会影响腔体的密封性和抗疲劳性。对于过于复杂的腔体结构，其脱模困难，还存在模具制作困难、操作过程烦琐等问题。

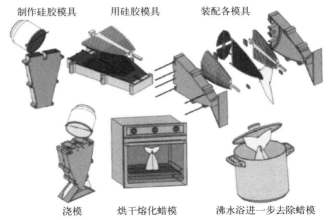

制作硅胶模具　　用硅胶模具　　装配各模具

浇模　　烘干熔化蜡模　　沸水浴进一步去除蜡模

图 7-15　熔模铸造工艺示意图

7.4.2　形状沉积

形状沉积制造是一种结合材料沉积和机械加工的过程，是一种分层制造技术，在制造过程中可嵌入各种部件，如传感器、电子元件、电路等。此过程避免了复杂模具的制作，可将刚性和柔性材料组合起来，使得开发各种具有兼容机制和嵌入式传感器的致动器成为可能。图 7-16 为形状沉积技术工艺示意图。

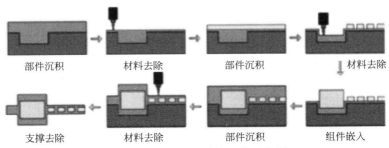

部件沉积　　材料去除　　部件沉积　　材料去除

支撑去除　　材料去除　　部件沉积　　组件嵌入

图 7-16　形状沉积技术工艺示意图

7.4.3　软光刻

软光刻是指利用某些特殊的材料（如光敏性的光刻胶）在光照下发生化学反应产生耐腐蚀性的特点，将掩膜版上的图案刻制到被加工表面的一种微图形复制技术。与传统光刻技术相比，软光刻技术没有光散射带来的精度限制，成型精度高，尺寸可达到几十微米。同时，其需要的设备简单，可在实验室环境下使用，大大降低了生产成本。

7.4.4 3D 打印

传统的软体机器人制造方法，很难加工复杂的三维腔道。3D 打印技术为软体机器人的制造提供了更加高效快捷的方法，可以避开传统加工方式的烦琐制造过程，消除模具的使用，简化制造过程。但与其他制造方式相比，3D 打印的致动器部件抗拉强度较低，容易断裂破坏。同时 3D 打印的适用材料种类有限，3D 打印机的成本昂贵，目前难以实现批量化的制造应用。随着相关技术的不断发展，3D 打印技术将会成为软体机器人制作的重要方法。

熔融沉积成型技术（FDM），是由喷头将丝状的热熔性材料加热熔化，将材料选择性地涂敷在工作台上，层层冷却堆叠后形成整个实体造型。在软体机器人制造过程中，使用 FDM 技术用来成型配套硬件、模具甚至直接成型气动致动器。图 7-17(a) 所示的是使用线材 NinjaFlex 直接打印成型的单通道和双通道波纹管弯曲致动器，该致动器可应用于制造软体抓手和手部康复手套。这种直接打印成型致动器的方法，大大简化了制造过程，但是可使用的材料较少，且不用于需要低压和精密力输出的环境。

墨水直写成型技术（DIW），通常是将具有剪切变稀性质的半固体墨水材料，通过 3D 打印机喷嘴挤出，在沉积平台上层层堆积形成三维立体结构。如图 7-17(b) 所示的一种具有触觉感知和形状反馈的弹性流体致动器，通过将电绝缘硅胶和离子导电水凝胶两种油墨直接打印于致动器上形成传感器，将变形转换为电信号，可检测其外部按压力和内部气压。

数字光处理技术（digital light processing，DLP）利用高分辨率的数字光处理器投影仪来投射紫外光，在紫外光的照射下感光聚合材料（主要为光敏树脂）快速凝固形成一个截面，层层打印形成三维物体。该技术分辨率高、速度快、表面质量好，可制造微型致动器。图 7-17(c) 所示的是利用 DLP 打印机整体打印出来的微型软气动夹持器。该夹持器为三爪气动夹持器，经过实验验证其具有良好的抓持能力，可用于微创手术的治疗过程。

立体光刻技术（stereolithography，SLA）同样利用光固化树脂在紫外激光束照射下固化的原理，激光束由点到线、线到面扫描液态光敏树脂，扫描后的光敏树脂形成固化截面，层层叠加构成三维实体。该技术成型速度快、精度高、表面质量好，是发展时间最长、工艺最为成熟的 3D 打印技术。图 7-17(d) 所示的是由立体光刻技术直接打印成型的气动致动器，该致动器的一个单元为有两个气腔的圆柱形波纹管，通过串联两个及以上的单元，可实现更为复杂的三维运动。

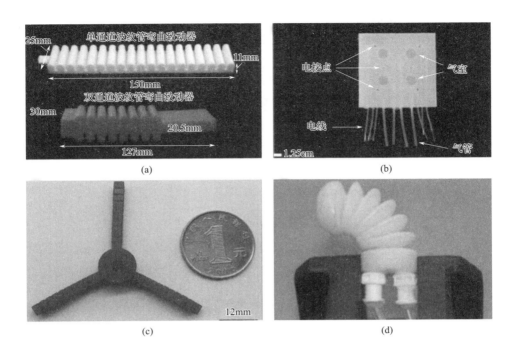

（a）

（b）

（c）

（d）

图 7-17　3D 打印的流体致动器

　　常见的 3D 打印软体机器人，打印材料大都为单一均质材料，其性能具有各向同性的特点。随着对软体机器人研究的不断深入，往往需要其不同部位具有不同的性质与性能。例如软体抓手，需要在连接支撑部位具有较好的强度和硬度，在抓手部位具有良好的柔韧性。北京化工大学胡力基于 DIW 直写式成型工艺与 FDM 彩色打印技术，设计了一套硬度可控的双通道直写式硅胶打印设备，如图 7-18 所示。通过混合不同硬度的硅胶材料，保持两种硅胶材料总

图 7-18　双通道直写式硅胶打印设备

的挤出流速不变，调节两种材料不同的挤出流速比，可完成多硬度硅胶制品的制备。

　　该设备包括机械系统和控制系统，设备机械系统包括三维运动平台与挤出系统，挤出系统如图 7-19 所示。挤出系统通过电机带动丝杆螺母助推结构推动两个注射筒中的不同硬度的硅胶材料，两种硅胶沿着 PU 管进入"钻石"型二进一出喷嘴混合，通过喷嘴挤出，然后堆积在打印平台上。

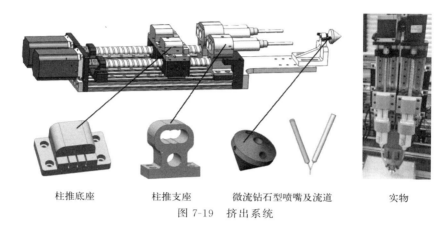

柱推底座　　　　　柱推支座　　　微流钻石型喷嘴及流道　　　　实物

图 7-19　挤出系统

　　胡力通过实验对比打印效果，确定陶氏化学的 Sylgard 527 与 SE1700 作为变硬度硅胶制品的打印材料。通过实验研究，得到双通道最佳成型工艺参数为层高 0.4mm、挤出速度 10mm/s、打印速度 15mm/s。使用此工艺参数，打印了不同硬度的多个制品和变硬度的单一制品，如图 7-20 所示的 7 种硬度的七色花模型。此双通道直写式硅胶打印设备能够完成硬度 26～42A（模量 0.875～2.378MPa）的编程制备，可用于软体机器人的制备。

图 7-20　7 种硬度的七色花模型

部分流体致动器及其材料、制造方式如表 7-1 所示。

表 7-1　流体致动器及其材料、制造方式

名称	材料	制造方式
圆柱形弹性流体致动器	PDMS,Ecoflex 00-30	模具铸造
四足多步态机器人	PDMS,Ecoflex 00-30,Sylgard 184	软光刻
Pneu-Net 软体致动器	Ecoflex 00-30,Elastosil M4601,纸张	模具铸造
正压褶皱致动器	Ecoflex 00-30,聚酯纤维素混合纸张	软光刻,3D 打印,模具铸造
折纸骨架人工肌肉	密封皮肤:TPU,PVC,聚酯纤维 折纸骨架:尼龙,PEEK	激光切割,3D 打印 机器密封
变刚度抓手	油水凝胶	模具铸造
FDM 波纹管致动器	NinjaFlex	3D 打印
仿生植物	聚乙烯薄膜	组装合成
康复手套	Elastosil M4601	模具铸造

7.5　应用领域

7.5.1　特种作业

在面对自然灾害或者探索未知的环境时，与传统刚性机器人对环境适应性差相比，软体机器人以其出色的柔顺性、较大的自由度、灵活的运动方式，可以更好地适应环境。图 7-21(a) 所示的 Vine-link robot 气动软体机器人，具有被动变形、主动控制运动方向的特点，因此其对工作环境的适应性强，具有出色的避障能力，很适合于救援、勘探等场合。该机器人由聚乙烯薄膜制作的气动致动器和配套组件组成。配套组件包括空气压缩机和电磁阀等，为气动致动器通入气体。其被动变形、主动控制运动方向的特点，是由气动致动器的结构所决定的。气动致动器有左右两个气室，气体驱动内部卷曲部分外翻并膨胀，致使气室前端不断伸长。当气动致动器遇到障碍物时，卷曲部分不断外翻，使得气室不断扩展伸长，来被动地变形适应运动环境。当向两气室通入不同量的气体时，气动致动器可主动控制运动方向。例如左室比右室气压高，气动致动器向右偏转；通入气压相同时，则直线运动。在 Vine-link robot 顶端安装摄像头后，可穿越复杂地形，实时传输画面，完成监视、搜救、勘察等工作。

软体机器人还可用于海底探索、海底垃圾收集、潜水打捞等领域。例如海产养殖海参、海胆等，潜水员需要潜到水下，收集渔获的过程不仅辛苦还异常

危险。选择传统刚性机器人去执行此项任务，很可能会造成损失，而水下软体机器人的运用便可解决此问题。如图 7-21（b）所示，研究人员设计了一款水下软体抓手机器人，研究者根据需要做出的动作，反解出所需的气压值等参数，控制该机器人在水下精确地接近和收集物体。

(a) Vine-link robot

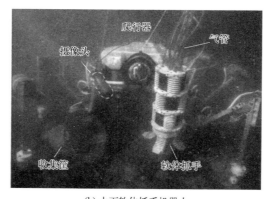

(b) 水下软体抓手机器人

图 7-21 软体机器人的特种作业

7.5.2 抓持作业

软体机器人的一个高影响领域是软体夹持器，它可以安全地夹持易碎物体，可以很好地实现人机互动。软体夹持器对夹持物体的适应性取决于其所用的材料和形态。就软体夹持器的形态而言，一般可分为多指型、包络型、颗粒塑形型。评价各种形态的夹持器性能的指标有夹持力、适应性、稳定性和抓取大小范围。夹持力取决于执行器末端和被夹持物的接触面积，抓取适应性以颗粒夹持器夹持效果最好。抓取大小范围最广的是多指抓持器，但是其稳定性相比其他抓持器较差，结构和配套控制相对复杂。

　　一种多指型夹持器如图 7-22(a) 所示，单根手指由气管、管接头、固定器和软指组成。当夹取装置接近被抓取物体时，软体手指放气使得手指向外卷曲，使得机械手有足够空间包裹被抓物体。完全包裹被抓取物后，对腔体充入压缩气体，每个手指都向内弯曲，通过摩擦力和多根手指配合形成几何联锁的形式，实现夹紧物体的功能。该夹取装置夹取性能优秀，可以抓持钢笔、钥匙串、仙人掌，甚至小到 2mm 的小螺钉等物品，但是多指夹持器控制复杂。一种封闭式仿生螺旋缠绕软体夹持器如图 7-22(b) 所示，该夹持器由软体夹持装置、软体夹持套、紧固套及连接装置组成。软体夹持装置由纤维增强结构的螺旋缠绕致动器和固定片组成，螺旋缠绕致动器内腔是不同壁厚的偏心腔体，充入气体后，致动器发生弯曲和扭转两种变形。固定片起着使致动器保持螺旋缠绕位姿的作用，整体呈现类似蛇缠绕猎物，并向内收紧的捕食动作。该软体夹持器有着优越的负载能力和夹取稳定性。基于堵塞原理的颗粒阻塞夹持器如图 7-22(c) 所示，其由弹性袋和弹性袋中的颗粒物质组成。通过施加真空，夹持器内部填充物可由流动态转换到固态，使得夹持器顺应着被抓取物的外表面形状而包覆抓取。这是一种被动形式的抓取模式，对抓取物外形没有太多要求，只要抓住物体表面的一小部分就可以牢牢抓取。

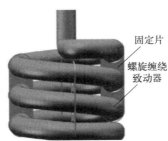

固定片

螺旋缠绕
致动器

(a) 多指型夹持器　　　　(b) 缠绕型夹持器　　　　　　(c) 颗粒阻塞夹持器

图 7-22　软体夹持器

7.5.3　医疗康复

　　软体机器人具有灵活的特性，对其结构进行机械编程，可以复现人类的运动，这使得其在可穿戴康复辅助设备领域有着很好的应用前景。图 7-23(a) 所示的一种便携式康复手套，可穿戴于存在手功能障碍者的手背，用来辅助患者进行手部康复训练。该康复手套由穿戴于手上的手套组件和装载有硬件及控制系统的腰包组成，在液体压力下具有强劲的助力功能，而在无压下呈现低阻抗的特点。手套组件重 258g，为了便携性和减轻手部重量，硬件及控制系统被安装于腰包中。手套组件由穿戴结构和纤维约束流体致动器构成，如图 7-23(b) 所示。每根手指背面都固定有一个多段纤维约束流体致动器，通过纤维约束结构、应变限制层和橡胶层不同组合的机械编程，可使得每段纤维约束流体致动器在水压的作用下实现弯曲、伸展、伸展-扭曲、弯曲-扭曲的特定运动，给予食指、中指、无名指和小拇指三个弯曲自由度，给予大拇指两个弯曲自由度和一个扭转自由度，复现各个手指的运动过程，帮助患者实现一个手完整的闭合和伸展。硬件及控制系统被放置于腰包的四个口袋中，主要包括：①电池和功率调节器；②微控制器、液压压力传感器和控制板；③液压泵和水箱；④阀门开关；等。

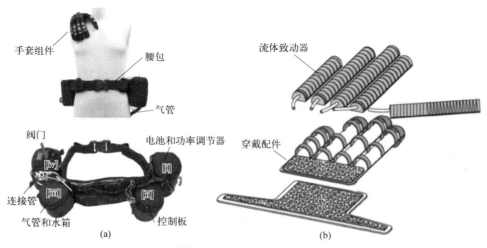

图 7-23　便携式康复手套

参 考 文 献

[1]　Martinez R V，Branch J L，Fish C R，et al. Robotic tentacles with three-dimensional mobility based on flexible elastomers [J]. Advanced materials，2013，25 (2)：205-212.

[2]　Shepherd R F，Ilievski F，Choi W，et al. Multigait soft robot [J]. Proceedings of the national academy of sciences，2011，108 (51)：20400-20403.

[3]　Marchese A D，Onal C D，Rus D. Autonomous soft robotic fish capable of escape maneuvers using fluidic elastomer actuators [J]. Soft Robotics，2014，1 (1)：75-87.

[4]　鲍官军，张亚琪，许宗贵，等. 软体机器人气压驱动结构研究综述 [J]. 高技术通讯，2019，29 (05)：467-479.

[5]　Mosadegh B，Polygerinos P，Keplinger C，et al. Pneumatic networks for soft robotics that actuate

rapidly [J]. Advanced functional materials，2014，24 (15)：2163-2170.

[6]　Freyer H，Breitfeld A，Ulrich S，et al. 3D-printed elastomeric bellow actuator for linear motion [C]//5th International conference on additive technologies，Vienna，Austria. 2014：15-17.

[7]　Mahl T，Hildebrandt A，Sawodny O. A variable curvature continuum kinematics for kinematic control of the bionic handling assistant [J]. IEEE transactions on robotics，2014，30 (4)：935-949.

[8]　Paez L，Agarwal G，Paik J. Design and analysis of a soft pneumatic actuator with origami shell reinforcement [J]. Soft Robotics，2016，3 (3)：109-119.

[9]　Martinez R V，Fish C R，Chen X，et al. Elastomeric origami：programmable paper-elastomer composites as pneumatic actuators [J]. Advanced functional materials，2012，22 (7)：1376-1384.

[10]　Li S G，Vogt D M，Rus D，et al. Fluid-driven origami-inspired artificial muscles [J]. Proceedings of the National Academy of Sciences of the United States of America，2017：13132-13137.

[11]　Li S G，Stampfli J J，Xu H J，et al. A vacuum-driven origami "magic-ball" soft gripper [C]// 2019 International Conference on Robotics and Automation (ICRA). IEEE，2019：7401-7408.

[12]　Nickel V L，Perry J，Garrett A L. Development of Useful Function in the Severely Paralyzed Hand [J]. The Journal of Bone and Joint Surgery，1963，45 (5)：933-952.

[13]　Suzumori K. Flexible Microactuator：1st Report，Static Characteristics of 3 DOF Actuator [J]. Transactions of the Japan Society of Mechanical Engineers Series C，1989，55 (518)：2547-2552.

[14]　Suzumori K，Maeda T，Wantabe H，et al. Fiberless flexible microactuator designed by finite-element method [J]. IEEE/ASME Transactions on Mechatronics，1997，2 (4)：281-286.

[15]　Suzumori K，Endo S，Kanda T，et al. A bending pneumatic rubber actuator realizing soft-bodied manta swimming robot [C]//Proceedings 2007 IEEE international conference on robotics and automation. IEEE，2007：4975-4980.

[16]　Galloway K C，Polygerinos P，Walsh C J，et al. Mechanically programmable bend radius for fiber-reinforced soft actuators [C]//2013 16th International Conference on Advanced Robotics (ICAR). IEEE，2013：1-6.

[17]　Fan J Z，Wang S Q，Yu Q G，et al. Swimming performance of the frog-inspired soft robot [J]. Soft Robotics，2020，7 (5)：615-626.

[18]　Wakimoto S，Kogawa S，Matsuda H，et al. Comparison of smart artificial muscles with different functional fibers [C]//ACTUATOR；International Conference and Exhibition on New Actuator Systems and Applications 2021. VDE，2021：1-3.

[19]　Zhuo S Y，Zhao Z G，Xie Z X，et al. Complex multiphase organohydrogels with programmable mechanics toward adaptive soft-matter machines [J]. Science advances，2020，6 (5)：eaax1464.

[20]　Gong Z Y，Xie Z X，Yang X B，et al. Design，fabrication and kinematic modeling of a 3D-motion soft robotic arm [C]//2016 IEEE International Conference on Robotics and Biomimetics (ROBIO). IEEE，2016：509-514.

[21] Marchese A D，Katzschmann R K，Rus D. Whole arm planning for a soft and highly compliant 2d robotic manipulator [C]//2014 IEEE/RSJ International Conference on Intelligent Robots and Systems. IEEE，2014：554-560.

[22] Marchese A D，Katzschmann R K，Rus D. A recipe for soft fluidic elastomer robots [J]. Soft Robotics，2015，2（1）：7-25.

[23] Cho K J，Koh J S，Kim S，et al. Review of manufacturing processes for soft biomimetic robots [J]. International Journal of Precision Engineering and Manufacturing，2009，10（3）：171-181.

[24] Macdonald E，Salas R，Espalin D，et al. 3D Printing for the Rapid Prototyping of Structural Electronics [J]. IEEE Access，2014，2（2）：234-242.

[25] Yap H K，Ng H Y，Yeow C H. High-Force Soft Printable Pneumatics for Soft Robotic Applications [J]. Soft Robotics，2016，3（3）：144-158.

[26] Robinson S S，O'Brien K W，Zhao H C，et al. Integrated soft sensors and elastomeric actuators for tactile machines with kinesthetic sense [J]. Extreme Mechanics Letters，2015，5：47-53.

[27] Ge L S，Dong L T，Wang D，et al. A digital light processing 3D printer for fast and high-precision fabrication of soft pneumatic actuators [J]. Sensors and Actuators A：Physical，2018，273：285-292.

[28] Peele B N，Wallin T J，Zhao H C，et al. 3D printing antagonistic systems of artificial muscle using projection stereolithography [J]. Bioinspiration & Biomimetics，2015，10（5）：055003.

[29] 胡力. 硬度可编程控制的硅胶材料成型装备与工艺研究 [D]. 北京：北京化工大学，2021.

[30] Hawkes E W，Blumenschein L H，Greer J D，et al. A soft robot that navigates its environment through growth [J]. Science Robotics，2017，2（8）：eaan3028.

[31] Liu J Q，Iacoponi S，Laschi C，et al. Underwater mobile manipulation：A soft arm on a benthic legged robot [J]. IEEE Robotics & Automation Magazine，2020，27（4）：12-26.

[32] Hao Y F，Gong Z Y，Xie Z X，et al. Universal soft pneumatic robotic gripper with variable effective length [C]//2016 35th Chinese control conference（CCC）. IEEE，2016：6109-6114.

[33] 曹毅，顾苏程，翟明浩，等. 封闭式仿生螺旋缠绕软体夹持器的设计与研究 [J]. 北京航空航天大学学报，2021，47（01）：15-23.

[34] Brown E，Rodenberg N，Amend J，et al. Universal robotic gripper based on the jamming of granular material [J]. Proceedings of the National Academy of Sciences，2010，107（44）：18809-18814.

[35] Polygerinos P，Wang Z，Galloway K C，et al. Soft robotic glove for combined assistance and at-home rehabilitation [J]. Robotics and Autonomous Systems，2015，73：135-143.

第**8**章
折纸机器人

折纸机器人是一类受到折纸机构启发而生产制造并加以驱动的机器人。折纸机器人的材料可以为智能材料，由智能材料本身的可变形特性实现机器人的驱动；也可以为非智能材料，通过流体、电、磁或其他方式对机器人进行驱动。

8.1 折纸概述

折纸（origami）是一门古老的民间艺术，是将二维平面纸张通过折叠弯曲塑造各种三维结构的过程。传统折纸于公元 1 世纪或 2 世纪起源于中国，6 世纪传入日本。20 世纪 70 年代，在日本形成了研究折纸数理问题的高潮，许多学者为折纸的发展作出了重要贡献。

中国传统折纸可以用于儿童玩具，也可以用于民间祭祀。如中国传统折扇（图 8-1）、儿童玩具东南西北等。

图 8-1　中国传统折扇

折纸机构可分为：Miura-ori 机构、Ron Resch 机构、Waterbomb 机构、Square-Twist 机构。

8.1.1 Miura-ori 机构

Miura-ori 机构是一种基本四边形机构，是由日本三浦公亮发明，如图 8-2 所示。其主要特点为周期性折叠，运动相对简单。

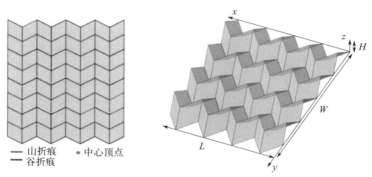

图 8-2 Miura-ori 折纸机构

8.1.2 Ron Resch 机构

Ron Resch 机构，1970 年被 Ron Resch 提出，主要特点是由若干全等的规则的三角形或多边形构成。折纸图案具有更高的刚度，三角形 Ron Resch 图案现阶段被广泛应用于机械超材料。图 8-3 所示的折纸图案均为 Ron Resch

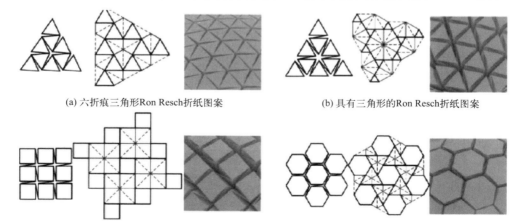

(a) 六折痕三角形Ron Resch折纸图案   (b) 具有三角形的Ron Resch折纸图案

(c) 具有四边形的Ron Resch折纸图案   (d) 具有六边形的Ron Resch折纸图案

图 8-3 Ron Resch 折纸图案

图案。

8.1.3 Waterbomb 机构

Waterbomb 折纸是管状折纸结构,由六折痕的 Waterbomb 单元组成。图 8-4 为 Waterbomb 折纸机构,图 8-4(a) 折痕图案实线和虚线分别是山折线和谷折线;图 8-4(b) 当 $n=6$ 和 $m=7$ 时,其中扭曲运动从完全挤压的行开始,然后逐行扩展直到管的末端。

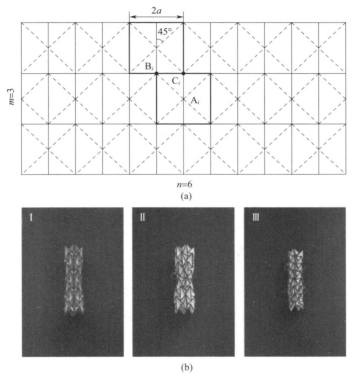

图 8-4　Waterbomb 折纸机构

8.1.4 Square-Twist 机构

Square-Twist 折纸最初由川崎和吉田提出,它的刚度(可折性)不仅由几何参数决定,还由山折痕和谷折痕的分配决定。图 8-5 所示为 Square-Twist 折纸图案的四种不同单元,分别为 1 型、2 型、3 型和 4 型,方形扭转单元的折痕布置、几何参数、展开和折叠配置见图 8-5(a)～(d),山折线和谷折线分别用深色实线和浅色虚线表示。

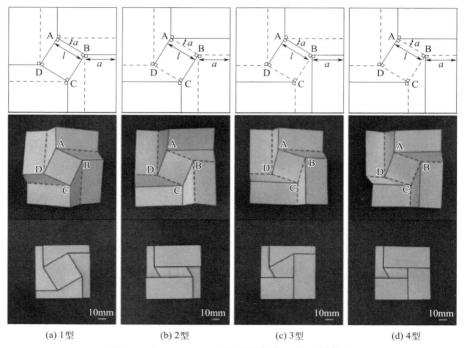

| (a) 1型 | (b) 2型 | (c) 3型 | (d) 4型 |

图 8-5　Square-Twist 折纸图案的四种不同单元

8.2　折纸机器人的驱动原理和特点

折纸机器人的驱动方式有多种，按折纸机器人制作的材料进行分类，可分为：非功能材料驱动、形状记忆聚合物驱动、形状记忆合金驱动等。

8.2.1　非功能材料驱动

非功能材料驱动指构成折纸机器人的材料仅作为机器人的结构组成部分，通过气、液等辅助实现折纸机器人的运动。用于折纸机器人的材料可以是日常生活用纸，也可以是其他可形成折纸结构的材料。图 8-6 所示的是一种由纸质材料和硅橡胶设计制作的气动折纸爬行机器人，该机器人采用气动驱动，只需反复抽吸注射器即可让爬行机器人完成直线、转向等运动，设计新颖简单、成本低、易于制作。

图 8-7 展示了气动抓手的顺序折叠过程。平面折纸的机器人结构能够通过压力控制自折到所需的角度，完成抓取任务后，折叠后的机器人恢复至展开状态。

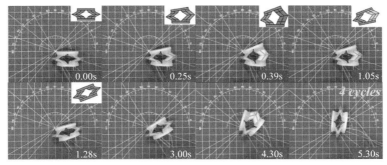

图 8-6 爬行机器人的转向运动

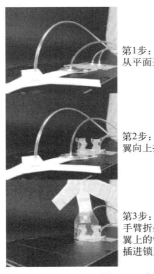

第1步：
从平面开始

第2步：
翼向上折叠

第3步：
手臂折叠，
翼上的钥匙
插进锁里

第4步：
翼上的钥匙掉
落到较小的槽
中以锁定

第5步：
肘折叠

第6步：
手指折叠

图 8-7 气动抓手顺序折叠过程

8.2.2 形状记忆聚合物驱动

形状记忆聚合物驱动是一种制作成本低、自折叠效果好的驱动方式。图 8-8 展示了一种形状记忆聚合物驱动的原理：一层形状记忆聚合物材料夹在两层结构层之间（另外两层黏合层将层板黏合在一起），形状记忆聚合物材料在均匀受热后恢复原状。

图 8-9 展示了一种非常简单的二维程序自折叠策略。将一颗小星星放置在中等大小的星形上，再放置在最大的星形的顶部（铰链颜色各不相同），在外部光的刺激下按顺序将（2D）聚合物片材制成 3D 对象。聚合物薄片表面的印

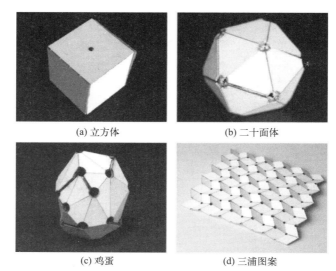

(a) 立方体　　　　　　　　(b) 二十面体

(c) 鸡蛋　　　　　　　　　(d) 三浦图案

图 8-8　Self-folded 几何图形

刷油墨根据光的波长和油墨的颜色区分吸收光，而油墨的颜色决定了薄片折叠的铰链在时间和空间上的变化，被吸收的光逐渐加热覆盖整个薄片厚度的底层聚合物，从而导致张力的缓解，引发折叠。

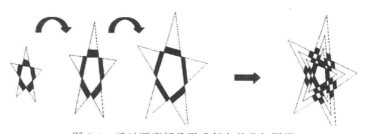

图 8-9　通过顺序折叠形成复杂的几何图形

图 8-10 所示为可编程的晶体形状记忆聚合物与热可逆和光可逆键创建的一个单组分机器人，这种三维形状的结构支撑是通过一种基于塑性的折纸技术制作的，这种技术由热可逆键实现，精确控制的局部驱动可以通过使用光可逆键将空间定义的可逆形状记忆编程到 3D 折纸中来实现。

图 8-11 展示了一款手风琴形状折纸驱动器，该驱动器以湿敏导电薄膜为基体，在水蒸气的吸附和解吸作用下，薄膜的弹性模量发生电诱导变化，并且能在 2V 的电压下实现反复拉伸和收缩动作，运动速度可达 2cm/min，拉伸量可达 147%。

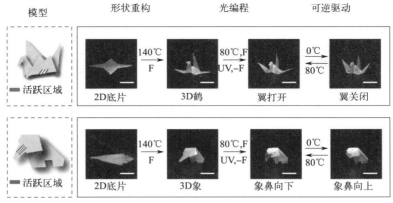

图 8-10　O-Unibots 的制造和可逆驱动

图 8-11　手风琴形状折纸驱动器

8.2.3　形状记忆合金驱动

形状记忆合金驱动器制作简单，在引入控制电路的条件下可实现折纸机器人的自折叠运动。Paik 等人使用形状记忆合金和可伸缩的电子器件，提出了一个完整的设计折纸 2D 到 3D 变化的驱动器。形状记忆合金（SMA）板经过定制和退火处理，改善了多材料、多步骤和系列工艺在创建折纸时的困难，图 8-12 所示为两种折纸机器人。此外，他们还设计了两种适用于折纸机器人的可拉伸电路：网状铜导电通路和弹性衬底中的液态金属通道，这两种方法即使在大应变（拉伸时）和曲率（折叠时）下也能保持导电。两种电路设计都集成了一个由形状记忆合金驱动器驱动的平铺折纸模块，图 8-13 所示为两种柔性电路。

仿蛇运动的爬行机器人采用形状记忆合金驱动折纸结构，如图 8-14 所示。该机器人可实现轴向伸缩和径向弯曲，使用优化的 IPD 控制 8 段 metameric 机器人时，运动速度高达 40.5mm/s。

(a) 桌子   (b) 风车

图 8-12   两种折纸机器人

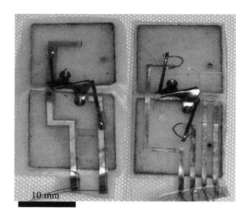

10 mm

图 8-13   两种柔性电路

可变轮径的机器人采用形状记忆合金驱动轮子改变直径。小直径的轮子为机器人通过狭小空间，大直径的轮子为机器人跨越一定高度的路况提供了便利，如图 8-15 所示。通过控制轮径大小还能实现机器人的转向。

图 8-16 所示的折纸机器人通过 SIPT（选择性感应能量传输）控制形状记忆合金的形变，从而驱动折纸机器人的运动。

8.2.4   磁驱动

微型折纸机器人主体是 $1.7cm^2$ 的聚乙烯层，重 0.31g，宽 1.7cm。外磁场控制机器人自身包裹的磁铁完成各种不同的任务，不受束缚地行走和游泳，并随后溶解在液体中。如图 8-17 所示的由磁场驱动的自折叠机器人在手上行走。

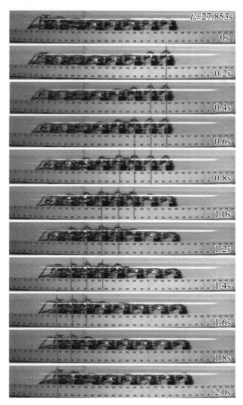

图 8-14　使用优化的 IPD 控制 8 段 metameric 机器人时的运动测试

图 8-15　可变形轮式机器人

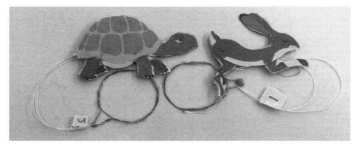

图 8-16   可移动的纸上野兔和乌龟

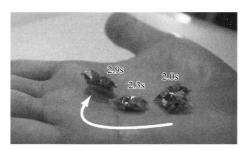

图 8-17   由磁场驱动的自折叠机器人在手上行走

立方体磁铁机器人使用可控磁场远程控制移动，折纸外骨骼受热激活后，每个外骨骼都可以自我折叠来分层发展不同的形态，实现了从一个平板向不同形态机器人的转变，如图 8-18 所示。

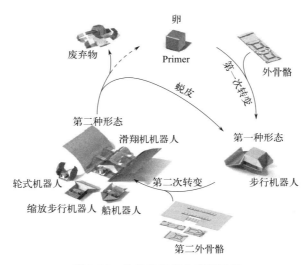

图 8-18   外骨骼机器人变形周期

8.3　制造方法

折纸机器人的制作方法包括很多种，如浇铸成型、3D 打印成型、激光刀数字化切割材料成型、智能复合材料制造（SCM）等方法，本节主要介绍浇铸成型、3D 打印成型和激光刀数字化切割材料成型。

8.3.1　浇铸成型

三浦折叠机器人的驱动器能够在正压下展开伸长，在负压下折叠收缩，在较小的气压范围内有着较大的长度变化，且具有较快的响应速度，能够满足软体机器人的设计需求。可折叠气体驱动器的硅胶外表皮采用浇铸成型的方法，制作过程如图 8-19 所示。

混合　　　　　　　搅拌抽真空　　　　　　浇铸

静置　　　　　　　　取出　　　　　　硅胶外表皮

图 8-19　浇铸成型

8.3.2　3D 打印成型

3D 打印可以简单快速地成型复杂的几何形状，给折纸机器人提供了快捷的成型方式，可以降低用于各种领域机器人的制造成本。Tribot 折纸机器人兼具跳跃和爬行的运动模式，其采用传统的多层功能材料集成法和多材料 3D 打印法，如图 8-20 所示。3D 打印可以实现功能层数量最小化，从而减少制造时间。

3D 打印方法存在的不足是不能无缝集成有源元件。有研究者提出"折纸电一体化"，在一张纸上同时打印驱动器和结构（相关研究见图 8-21～

图 8-20　Tribot 的设计步骤

图 8-23），驱动器和水性油墨均打印在 A7 大小的纸上，三层电热式驱动器和三维主体结构均在纸张上打印形成，机器人每步可移动 10mm。

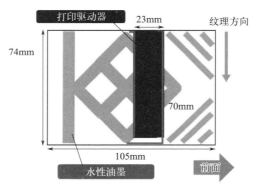

图 8-21　折纸机器人的打印图案

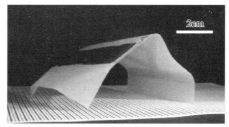

(a) 折纸机器人外观

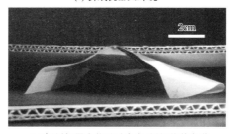

(b) 折纸机器人能承受自身重量5倍的负荷

图 8-22　折纸机器人

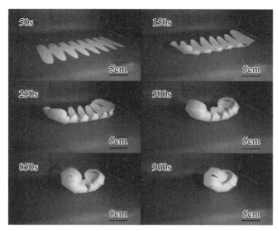

图 8-23 类球结构自折叠的时间过程

8.3.3 激光刀数字化切割材料成型

一种用于执行搜救任务的折纸机器人，共五层叠加材料，成型方法为激光刀数字化切割。该机器人最外面一层材料为形状记忆聚合物，在加热条件下可实现自动折叠，里面有两层纸质结构包裹的铜层，最内层的铜层刻有复杂的电引线。激光刀数字化成型方法实现了迅速而廉价的大规模规范生产。

二维尺蠖机器人重 29g，移动速度为 2mm/s。二维复合材料由四层组成，每一层都分别用激光切割，然后用针对齐，再用硅胶胶带手工黏合。最终的复合材料再次被激光切割成所需的形状，如图 8-24 所示。

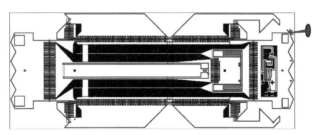

图 8-24 激光切割成最终的二维形状

采用手工设计的折纸折痕模式，并使用激光切割机加工制作了一个移动机器人，该机器人自折叠过程大约需要 5min，整体形状是一个有纹理的圆柱体，圆柱体上配置有印刷电路、配套电子设备和振动电机，图 8-25 所示为具有模块化驱动单元的自折叠外骨架。

图 8-25 具有模块化驱动单元的自折叠外骨架

8.4 典型的折纸机器人

新型人工肌肉受到折纸结构的启发,其由两层构成,外层是密封性良好的"皮肤"材料,内层是折叠结构的骨骼,该人工肌肉可用于软体机器人抓手。由于两层结构之间充满空气或水等流体,它能举起超过自身重量 1000 倍的物品,如图 8-26 所示。这种人工肌肉可安全地抓取易碎和脆弱的物体。

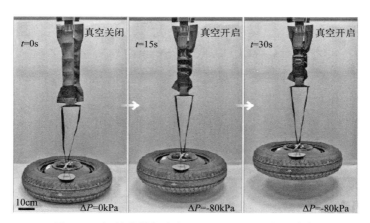

图 8-26 机械臂举起直径 75cm、重 22kg 的汽车轮

基于 Waterbomb 折纸结构的新型可扩展的连续型机械臂,其内部柔性骨架为螺旋弹簧,在三根丝线的驱动下能实现机械臂的弯曲和收缩运动。此外,该机械臂还能应用于微创手术机器人末端执行器的设计中,如图 8-27 所示。

图 8-27　一个多截面连续体机器人

如图 8-28 所示，由 10 层扭转塔组成的折纸机械臂，能抓取羽毛球、蛋壳等难以抓取或容易损坏的物体。在无人机上增加折纸机械臂，既保证了无人机的运动性能，又能让无人机在受限环境如水底、树枝间运动。图 8-29 所示为一种基于 Miura 折痕图案的三指折纸机械手。

一种悬浮于水面的无人机（基于 Water-bomb 折纸结构的膨胀特性），如图 8-30 所示。在飞行状态下，折纸结构处于收缩状态，减小飞行过程中无人机遇到的空气阻力；与水面接触时，折纸结构展开可增大与水面的接触面积，从而增大浮力，使无人机停留于

图 8-28　可折叠的机械臂在一条 500mm 深的沟底用爪子抓取物体

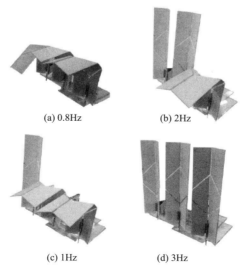

(a) 0.8Hz　　　　(b) 2Hz

(c) 1Hz　　　　(d) 3Hz

图 8-29　不同构型的三指折纸机械手

图 8-30　用折纸球做浮动测试

水面。

　　无人机保护笼式结构基于折纸结构，无人机和笼子可通过单一运动实现折叠，折叠后体积减小近 92%，方便储存和运输，如图 8-31 所示。

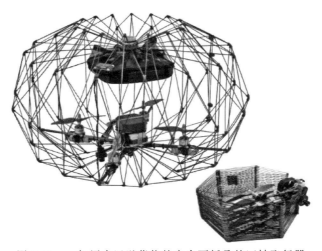

图 8-31　一架用来运送货物的安全可折叠的四轴飞行器

　　现有折纸机器人运用折纸结构提高了机器人或驱动器的功能特性，但没能完全发挥折纸机构的优势。如何将折纸结构的折展特性、柔顺性同机器人结合，是折纸机器人发展的重要研究方向。

参 考 文 献

[1] Nishiyama Y. Miura folding：Applying origami to space exploration ［J］. International Journal of Pure and Applied Mathematics，2012，79（2）：269-279.

[2] 冯慧娟，马家耀，陈焱. 广义 Waterbomb 折纸管的刚性折叠运动特性［J］. 机械工程学报，2020，56（19）：143-159.

[3] Lv C，Krishnaraju D，Konjevod G，et al. Origami based mechanical metamaterials［J］. Scientific Reports，2014，4：5979.

[4] 宋哲. 一种考虑折板厚度的折纸式四足行走机器人的设计［D］. 西安：西安电子科技大学，2018.

[5] Feng H J，Ma J Y，Chen Y，et al. Twist of Tubular Mechanical Metamaterials Based on Waterbomb Origami［J］. Scientific Reports，2018，8（1）：9522.

[6] Ma J Y，Zang S X，Feng H J，et al. Theoretical characterization of a non-rigid-foldable square-twist origami for property programmability［J］. International Journal of Mechanical Sciences，2021，189：105981.

[7] Du X H，Wu H T，Qi J，et al. Paper-based pneumatic locomotive robot with sticky actuator［C］// MATEC Web of Conferences. EDP Sciences，2016，42：03014.

[8] Sun X，Felton S M，Niiyama R，et al. Self-folding and self-actuating robots：A pneumatic approach［C］//2015 IEEE International Conference on Robotics and Automation（ICRA）. IEEE，2015：3160-3165.

[9] Tolley M T，Felton S M，Miyashita S，et al. Self-folding origami：Shape memory composites activated by uniform heating［J］. Smart Materials and Structures，2014，23：094006.

[10] Liu Y，Shaw B，Dickey M D，et al. Sequential self-folding of polymer sheets［J］. Science Advances，2017，3：e1602417.

[11] Jin B J，Song H J，Jiang R Q，et al. Programming a crystalline shape memory polymer network with thermo-and photo-reversible bonds toward a single-component soft robot［J］. Science Advances，2018，4：eaao3865.

[12] Okuzaki H，Saido T，Suzuki H，et al. A biomorphic origami actuator fabricated by folding a conducting paper［C］//Journal of Physics：Conference Series. IOP Publishing，2008，127：012001.

[13] Paik J K，Byoungkwon A，Rus D，et al. Robotic origamis：Self-morphing modular robot［C］// ICMC. 2012（CONF）.

[14] Paik J K，Kramer R K，Wood R J. Stretchable circuits and sensors for robotic origami［C］//2011 IEEE/RSJ International Conference on Intelligent Robots and Systems（IROS）. IEEE，2011：414-420.

[15] Fang H B，Li S Y，Wang K W，et al. Phase Coordination and Phase-velocity Relationship in Metameric Robot Locomotion［J］. Bioinspiration & Biomimetics，2015，10（6）：066006.

[16] Lee D Y，Kim J S，Kim S R，et al. The Deformable Wheel Robot Using Magic-ball Origami

Structure ［C］//International Design Engineering Technical Conferences and Computers and Information in Engineering Conference. American Society of Mechanical Engineers，2013，55942：V06BT07A040.

［17］ Zhu K N，Zhao S D. AutoGami：a low-cost rapid prototyping toolkit for automated movable paper craft ［C］//Proceedings of the SIGCHI conference on human factors in computing systems. 2013：661-670.

［18］ Wu H T，Fang Y B，Du X H，et al. An untethered self-folding locomotive paper robot using pneumatic actuators ［C］//2016 IEEE International Conference on Mechatronics and Automation（ICMA）. IEEE，2016：766-771.

［19］ Miyashita S，Guitron S，Li S G，et al. Robotic metamorphosis by origami exoskeletons ［J］. Science Robotics，2017，2：eaao4369.

［20］ Zhakypov Z，Falahi M，Shah M，et al. The design and control of the multi-modal locomotion origami robot，Tribot ［C］//2015 IEEE/RSJ International Conference on Intelligent Robots and Systems（IROS）. IEEE，2015：4349-4355.

［21］ Shigemune H，Maeda S，Hara Y，et al. Origami robot：A self-folding paper robot with an electrothermal actuator created by printing ［J］. IEEE/ASME Transactions On Mechatronics，2016，21：2746-2754.

［22］ Shigemune H，Maeda S，Hara Y，et al. Design of paper mechatronics：Towards a fully printed robot ［C］//2014 IEEE/RSJ International Conference on Intelligent Robots and Systems（IROS）. IEEE，2014：536-541.

［23］ Shigemune H，Maeda S，Hara Y，et al. Kirigami robot：Making paper robot using desktop cutting plotter and inkjet printer ［C］//2015 IEEE/RSJ International Conference on Intelligent Robots and Systems（IROS）. IEEE，2015：1091-1096.

［24］ Felton S M，Tolley M T，Onal C D，et al. Robot self-assembly by folding：A printed inchworm robot ［C］//2013 IEEE International Conference on Robotics and Automation（ICRA）. IEEE，2013：277-282.

［25］ Miyashita S，Onal C D，Rus D. Self-pop-up cylindrical structure by global heating ［C］//2013 IEEE/RSJ International Conference on Intelligent Robots and Systems（IROS）. IEEE，2013：4065-4071.

［26］ Li S G，Vogt D M，Rus D，et al. Fluid-driven origami-inspired artificial muscles ［J］. Proceedings of the National Academy of Sciences，2017，114（50）：13132-13137.

［27］ Zhang K T，Qiu C，Dai J S. An origami parallel structure integrated deployable continuum robot ［C］//International Design Engineering Technical Conferences and Computers and Information in Engineering Conference. American Society of Mechanical Engineers，2015，57137：V05BT08A032.

［28］ Liu T，Wang Y Z，Lee K. Three-dimensional printable origami twisted tower：Design，fabrication，and robot embodiment ［J］. IEEE Robotics and Automation Letters，2017，3：116-123.

［29］ Kim S J，Lee D Y，Jung G P，et al. An origami-inspired，self-locking robotic arm that can be folded flat [J]. Science Robotics，2018，3：eaar2915.

[30] Zuliani F，Liu C，Paik J，et al. Minimally actuated transformation of origami machines [J]. IEEE Robotics and Automation Letters，2018，3：1426-1433.

[31] Le P H，Wang Z K，Hirai S. Origami Structure Toward Floating Aerial Robot [C]//2015 IEEE International Conference on Advanced Intelligent Mechatronics（AIM）. IEEE，2015：1565-1569.

[32] Kornatowski P M，Mintchev S，Floreano D. An origami-inspired cargo drone [C]//2017 IEEE/RSJ International Conference on Intelligent Robots and Systems. IEEE，2017：6855-6862.

[33] Aragon，Liz. Light Blue Chinese Hand Fan. Digital image [Z]. Sweet Clip Art. N. p.，13 Sept. 2013. Web. 19 Oct. 2015. http：//sweetclipart. com/light-bluechinese-hand-fan-1543.

[34] 张淼. 单自由度三角形 Ron Resch 厚板折纸结构设计 [D]. 天津：天津大学，2018.

[35] Yu M，Yang W M，Yu Y，et al. A Crawling Soft Robot Driven by Pneumatic Foldable Actuators Based on Miura-Ori [C]//Actuators. MDPI，2020，9（2）：26.

[36] Chu C C，Keong C K. The review on tessellation origami inspired folded structure [C]//AIP Conference Proceedings. AIP Publishing，2017，1892（1）.

[37] Miyashita S，Guitron S，Ludersdorfer M，et al. An untethered miniature origami robot that self-folds，walks，swims，and degrades [C]//2015 IEEE international conference on robotics and automation（ICRA）. IEEE，2015：1490-1496.

第9章
柔性传感器技术

　　柔性传感器技术在传统传感技术的基础上采用柔性材料制作传感器等核心部件，从而实现柔性传感的目的，是一种可以延伸人类感官能力的柔性电子技术。柔性传感器技术作为极具挑战和潜力的发展方向，在人工智能、医疗健康等很多领域有着广阔的发展前景，尤其适用于具有大面积、使用环境恶劣和贴合结构形状等需求的应用。

9.1　柔性传感器简介

　　传感技术就是传感器的技术，可以感知周围环境或者特殊物质，比如气体感知、光线感知、温湿度感知、人体感知等，把模拟信号转化成数字信号，进而给中央处理器进行处理。

　　传统的刚性传感器是基于金属材料制造，其刚性限制了电子器件与材料的兼容性，阻碍了对分析对象的灵活捕捉，造成低质量的信号转换，表现出低灵敏度或窄感应范围。随着人机交互、可穿戴设备等新兴技术在工业领域不断涌现，物联网和智能家居等技术在人们日常生活中极速发展，传感技术的需求有了迅猛增长，迫切需要具有柔韧、可弯曲、可拉伸、可回复特性的柔性传感器件（图9-1），以满足人体穿戴舒适性的需求。柔性传感器是对采用柔性材料制造的、具有延展性并可以将外界信号转化为电信号的设备的统称，其柔性主要体现在制造传感器主体的材料具备柔韧、可弯曲、可拉伸、可回复的特性。因为材料的特殊性，故其制备工艺也产生了很多新方法。接下来主要就柔性传感器的传感机理、材料选择、制备工艺以及应用这几个方面进行阐述。

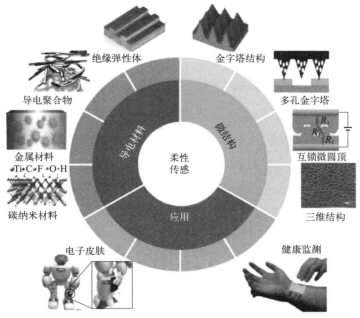

图 9-1 柔性传感器技术

9.2 柔性传感器的分类及传感机理

柔性传感器根据其测量物理量的不同可分为柔性应变传感器、柔性压力传感器、柔性温度传感器、柔性化学传感器等，根据其感知机理的不同主要可以分为电阻式、电容式、压电式以及其他类型。柔性传感器的感知机理和测量的物理量的不同搭配产生了种类繁多的传感器，故接下来主要通过测量的物理量进行分类，并在其中穿插传感机理的介绍。

9.2.1 柔性应变传感器

柔性应变传感器主要是将外界应变转换为电信号的装置，其主要性能参数为拉伸范围、灵敏度、迟滞时间和响应时间等。

（1）电阻式柔性应变传感器

电阻式柔性应变传感器将压力输入转换为装置的电阻变化（图 9-2）。在这种类型的器件中，活性材料应为电流提供足够的电荷传输路径，并具有良好的弹性，以适应运行期间的各种机械变形。由弹性基体和导电填料组成的复合材料是最常用的材料。

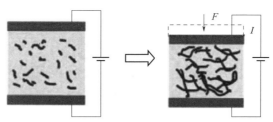

图 9-2　电阻式柔性应变传感器传感机理图

　　图 9-3 所示为通过分层成型和浇铸工艺制造出的具有三个独立的 PDMS 层（包含填充有 EGaIn 的微通道）的柔性应变传感器。该传感器对任意方向的应变具有 3.6 的灵敏度，具有很低的电阻（在 2.6Ω 和 3.1Ω 之间），还可忽略不计磁滞效应的影响。但由于传感层材料共晶镓铟液态金属（EGaIn）的温度限制，导致该传感器在 15℃ 下失去可拉伸性，且由于形成了表面氧化物层，传感器的长期稳定性差。

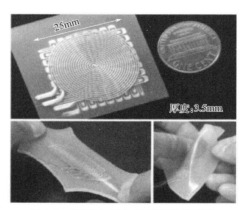

图 9-3　液态金属电阻式应变传感器

（2）电容式柔性应变传感器

　　电容式应变传感器通常是通过将弹性体电介质层夹在充满导电颗粒的弹性体电极之间进行组装（图 9-4，d 为距离，c 为电容）。与电阻式相比，电容式应

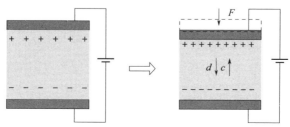

图 9-4　电容式柔性应变传感器传感机理图

变传感器通常表现出更好的磁滞性能。电容式传感器通常使用炭黑、AgNWs、CNT 和离子液体制造。

图 9-5 所示为一种基于多功能碳纳米管（CNT）的新型电容式柔性应变传感器，其通过将 CNT 薄膜黏附到 PDMS 和 Dragon Skin 基板上制成。该传感器即使经过数千次循环，也可以检测高达 300％的应变，并具有出色的耐久性（100％应变时，10000 个循环）。

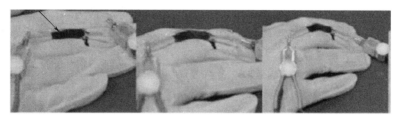

图 9-5　电容式柔性应变传感器

（3）压电式柔性应变传感器

压电效应被用于使用 ZnONWs、$ZnSnO_3$ 和 $Al_xGa_{1-x}N$ 等材料制造的应变传感器，原理如图 9-6 所示。

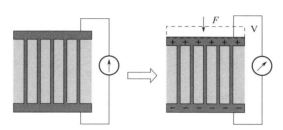

图 9-6　压电式柔性应变传感器传感机理图

图 9-7 所示为基于 $ZnSnO_3$ 纳米线/微线的柔性应变传感器。根据实验观察和理论计算，该应变传感器具有超高灵敏度，这归因于肖特基势垒高度（SBH）的压电势调制变化，即压电效应。其 GF 为 3740，比同类型采用 Si 的

图 9-7　压电式柔性应变传感器

GF 高 19 倍，比采用碳纳米管和 ZnO 纳米线的 GF 高 3 倍。

9.2.2 柔性压力传感器

柔性压力传感器主要是将受到的压力转换为电信号的装置，其主要性能参数为灵敏度、检测范围和响应时间等。

压力传感器是电子皮肤（e-skin）感测系统中的关键组件，在低压（0.5kPa）时具有很高的灵敏度，可以进行超灵敏的检测，但在高压（高于 0.5kPa）时，灵敏度会大大降低，这也影响其应用。图 9-8 所示的基于激光图案柔性压力传感器，在高达 50kPa 的压力范围内显示出 0.96kPa^{-1} 的灵敏度，响应时间低至 0.4ms。在另一个传感器中，PDMS 层是通过人工放置被 CNT 覆盖的微结构来设计的。应用这些微结构可以将响应时间从 170ms 缩短到 10ms。该传感器具有低至 $7\times10^{-3}\text{kPa}$ 和高至 50kPa 的检测极限，平均响应时间为 10ms，并可以承受 5000 次的弯曲循环测试。

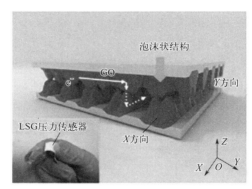

图 9-8　电阻式柔性压力传感器

Ruilong Shi 等人制备了含金字塔型微结构的 AgNWs/PDMS 薄膜（如图 9-9 所示），相对于无微结构样品的 0.059kPa^{-1}，其灵敏度提高至 0.831kPa^{-1}。此外，这些结构的检测极限保持在 1.4Pa 的低水平，响应时间＜30ms。

图 9-9　电容式柔性压力传感器

压电式柔性压力传感器是一种利用材料压电特性在施加压力时会变化的传

感器。硅纳米线（SiNWs）是一种具有压电特性的材料，图 9-10 所示为在带有 Al/ITO 电极的 PET 基板上建立的压力传感器。该传感器在低压区域具有更好的灵敏度，施加压力为 0.1kPa 时灵敏度为 8.21kPa^{-1}，施加压力为 1kPa时灵敏度为 4.12kPa^{-1}。该传感器在 8000 个弯曲周期下进行了测试，平均响应时间为 3ms，最大滞后值为 2.26%，其弯曲稳定行为是由于 SiNWs 的弹性变形而不是任何可保证重复性的塑性或黏弹性变形。

图 9-10　压电式柔性压力传感器

9.2.3　柔性温度传感器

绝大多数柔性温度传感器都属于电接触传感器，其电性能会随温度的改变而变化，主要包括电阻式、热敏电阻式等。温度传感器的性能通常通过研究其温度灵敏度、温度范围、磁滞、响应时间以及电阻温度系数（TCR）来评估。

电阻式温度传感器通常使用金属制成，例如 Au、Ag、Ni、Cu、Cr 和 Mg。图 9-11 所示为使用低成本的喷墨打印方法制备的柔性温度传感器，其打印墨水为银纳米粒子。该器件的非线性度为 0.11%，TCR 为 0.00299℃$^{-1}$，线性灵敏度为 0.122℃$^{-1}$。

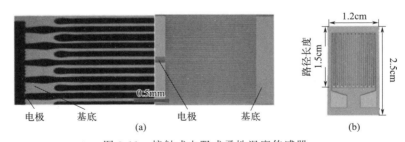

图 9-11　接触式电阻式柔性温度传感器

热敏电阻是由半导体材料制成的随温度变化的电阻器。热敏电阻分为两大类：负温度系数（NTC）和正温度系数（PTC）热敏电阻。在 NTC 热敏电阻中，电阻随温度的升高而减小，而在 PTC 热敏电阻的情况下则相反。热敏电阻是使用石墨烯、碳纳米管、石墨、PEDOT：PSS、聚苯胺纳米纤维和水凝胶等材料制造的。

图 9-12 所示的是通过在 PET 膜上印刷聚苯胺纳米纤维，制造的灵敏度为 $0.01℃^{-1}$ 的温度传感器，然后将 PET 薄膜局部植入到 Ecoflex 基板上，以创建灵活且可拉伸的温度传感器阵列。PET 膜的高杨氏模量（与 Ecoflex 相比）确保了温度传感器不受应变的影响。该传感器的响应时间为 1.8s，能够在 15℃ 至 45℃ 下工作。

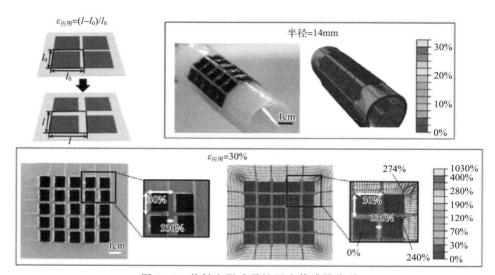

图 9-12　热敏电阻式柔性温度传感器阵列

光纤也可被用来构建柔性温度传感器。图 9-13 所示为基于光纤布拉格光栅（FBG）的传感器。通过将 FBG 放置在聚合物之间来制造传感器，聚合物是通过将含有过氧化甲乙酮（MEKP）和环烷酸钴的不饱和聚酯树脂混合物共聚而制得的，实现了 150pm/℃ 的灵敏度。

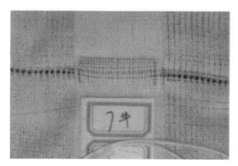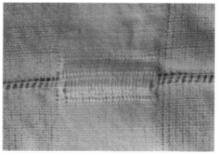

图 9-13　光纤柔性温度传感器

9.2.4　柔性化学传感器

从电阻型传感器的制造到涉及薄膜晶体管构造的化学反应性半导体的最新开发，化学传感器的开发采取了多种方法。通常根据化学传感器的灵敏度、化学浓度、检测范围和响应时间来评估其性能。

电阻感测方法是在暴露于特定化学物质的情况下利用材料电阻率的变化获取所需信息的方法。此外，取决于所使用的化学物质，活性材料可表现出变化的时间响应。图 9-14 所示为由 ZnO 制成的复杂电阻式气体传感器，该传感器生长出形成花朵形状的网络结构以提高灵敏度。这些结构源自在 PI 基板上的 ZnO 涂层聚苯乙烯微粒（MPs），首先从中生长 ZnO 壳，然后生长 ZnO 纳米花。该传感器能够检测多种气体，包括 NH_3、NO_2 和 CO。其中，它在检测 NO_2 方面表现出最佳的性能，响应时间为 28s，但在检测 NH_3 和 CO 方面表现出较差的性能。

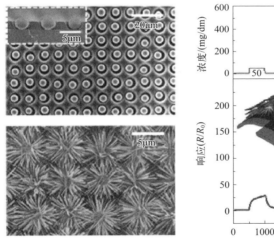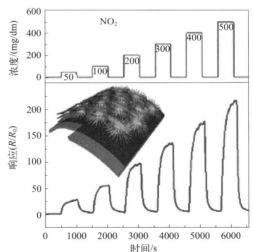

图 9-14　复杂电阻式气体传感器

电化学传感器与化学物质或其他外部现象发生反应，可产生电化学感应电流。由于光生电子的感应转移，MoS_2 与 SnO_2 在可见光照射下已显示出感应特性。

图 9-15 所示为在 PET 基板上构建的电化学传感器，该传感器基于堆叠的 Al、IGZO 和带有磁珠、LDH（乳酸脱氢酶）、NAD^+（烟酰胺腺嘌呤二核苷酸）和氢离子的功能化石墨烯。该设备能够检测乳酸，NAD^+ 与乳酸反应

（LDH 作为催化剂），该反应的产物包括产生的氢离子和电子，从而产生响应电压。该器件的总厚度为 $35.62\mu m$，在乳酸浓度为 $0.2\times10^{-3}mol/L$ 和 $3\times10^{-3}mol/L$ 之间的灵敏度为 $67339VL/mol$。

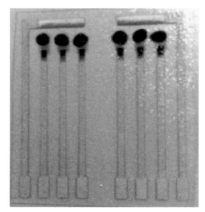

图 9-15　柔性电化学传感器

　　光电设备使用光电探测器执行被辐射表面所需信息的读出，以用于化学传感或血液氧合监测等。图 9-16 所示为用 950nm 红外和红色 LED 发射器、硅光电探测器和 NFC 读取器等，在低模量（$E<5kPa$）硅弹性体上开发的一种无线表皮光电系统。该系统的总拉伸性大于 30%。光电探测器可以同时对波长和频率响应进行时分多路复用测量，并进行无线传输。

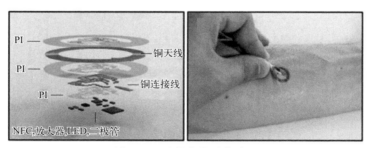

图 9-16　柔性光化学传感器

9.3　柔性传感器材料

　　与传统的刚性传感器相比，柔性传感器的主要技术指标大致相同，包括灵敏度、响应时间、线性度和测量范围等。但为了满足柔性传感器的柔韧性特征，传统刚性传感器的制造材料已经不再适用，必须进行相应的改变，本节将系统地对柔性传感器的材料进行介绍（图9-17）。柔性传感器的材料是影响传感器传感性能的两大关键因素之一，各部分材料的选取尤为重要。从柔性传感器的组成来看，传感器的材料可分为两大部分，包括基底材料和功能（传感）材料。

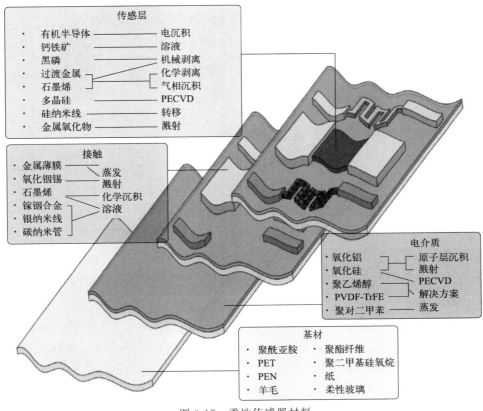

图 9-17   柔性传感器材料

9.3.1   基底材料

基底材料对柔性传感器的柔性特征起决定性作用，根据不同场合选择合适的柔性基底材料是传感器选材的首要步骤。这是因为柔性基底不仅可以提供灵活的支撑，还可以实现机械和电子信号的产生、传递和处理。一般情况下，应选用具有优异绝缘性和化学稳定性、良好柔韧性、透光性强和方便易得的聚合物材料作为柔性基材，目前常用的材料主要有以下几种（图9-18）。

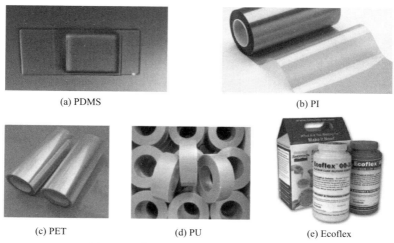

(a) PDMS   (b) PI

(c) PET   (d) PU   (e) Ecoflex

图 9-18 　常见的几种柔性传感器基底材料

① 聚二甲基硅氧烷（PDMS）是一种硅橡胶，无色无味，杨氏模量低，具有化学和热稳定性好、耐腐蚀性强、良好的生物兼容性等优点，使其成为目前所使用的柔性基材中最常用的一种材料。PDMS 无毒无害的特点也使其在可穿戴设备领域中占据一席之地，能够应用于电子皮肤或植入生物体内以达到柔性传感的目的。更难得的是，与其他柔性基底材料不同，PDMS 具有能与其他电子材料混合使用以及可以不可逆地与玻璃结合的特性，而缺点是这种材料不可降解。

② 聚酰亚胺（PI）是一种有机高分子材料，一般呈黄色，其最大的特点是具备极佳的热稳定性，可耐 400℃以上高温且无明显熔点。PI 可在高温下进行工作，是在高温环境中柔性基底的首要选择，同时 PI 也具备良好的力学性能。但 PI 不具有高透明性且拉伸能力欠佳，这使其在柔性传感领域的应用受到限制。

③ 聚对苯二甲酸乙二醇酯（PET）是一种热塑性聚酯，又称涤纶，常用于纺织织物。PET 能在宽温度范围内保持优良的力学性能，同时具有优良的电绝缘性、薄膜透明度高、抗蠕变、耐疲劳等特点，保证了柔性传感器的使用寿命。不过，PET 不耐强酸碱，当作为柔性基底使用时需要注意使用环境。

④ 聚氨酯（PU）是一类重要的高分子材料，可以通过调节原材料的配比来控制材料硬度，从而调节聚氨酯的结构以及性能。PU 具有良好的绝热性和优异的耐磨性，是制备膜和多孔材料的绝佳选择。但其价格高昂，不利于大面

积生产。

⑤ Ecoflex 系列材料为热塑性生物降解材料，是一种铂催化硅橡胶，既有较好的延展性和断裂伸长率，又有较好的耐热性能和抗冲击性能。该材料固化前黏度低而流动性好，操作简便，既可室温固化也可加温固化；固化后拥有良好的生理惰性，化学稳定性高，能够防水、抗拉且韧性好，收缩率小且不易变形。

总之，在柔性传感器中可供选择的基底材料有很多，在选择时应根据不同工作环境选用具有不同性质的柔性基材。一般情况下可从延展性、工艺兼容性、生物兼容性、可降解性等方面进行考虑。表 9-1 是常见基底材料的物理特性比较。

表 9-1　不同柔性基底材料比较

名称	杨氏模量/MPa	拉伸应变/%	泊松比
PDMS	0.36~0.87	>200	0.49999
PET	2000~4100	<5	0.3~0.45
PI	2500~10000	<5	0.34~0.48
PU	5~600	>200	—
Ecoflex	0.02~0.25	>300	0.49999

9.3.2　传感层及电极材料

当确定了柔性基底的材料后，需要根据柔性基底所具备的延展性选择与之相匹配的传感层材料和电极材料，因此本节以不同种类材料的形式对这两部分进行详细讨论。

(1) 金属材料

在金属材料作为传感层材料时需要经受多次反复的形变，这使得普通金属材料因自身延展性较差而导致传感器的性能衰减甚至失效。但低维度金属的出现较好地解决了这一问题，如纳米线或纳米颗粒除了具有良好的导电性能外，还具有良好的可延展性，可以被用于制备传感层材料。

基于金、银纳米线的温度、应力、应变柔性传感器均取得了不错的传感效果。此外，液态金属也可以作为传感层材料使用，其中最具代表性的镓基液态金属在保持良好的金属导电性能的同时还具有无限的可变形性，且在室温下呈现液态，因此非常适合应用于柔性传感领域。

金属材料具备极高的电导率，因此是最常用的电极材料，常用的材料包括铜、金、银、锌、镁等。表 9-2 是常见金属导电材料的性能比较。

表 9-2　金属材料导电性能

名称	电阻率/(nΩ·m)	电导率/(S/m)
铜	16.7	5.9×10^7
金	23.5	4.5×10^7
银	14.7	6.3×10^7
镁	44.5	2.3×10^7

（2）碳材料

在柔性传感领域常用的碳材料主要有碳纳米管和石墨烯两种（微观结构如图 9-19 所示），这两种材料同时具备柔顺性和优异的导电性能，并且化学稳定性和热稳定性高。碳纳米管体积小，具有纤维结构，其宏观组装形式多种多样，为实现各种功能材料性能改进提供了可能性。此外，超薄碳纳米管薄膜具有优异的导电和透明性能，是制造高透明度和可拉伸电子设备最具竞争力的候选材料之一。石墨烯是密集堆积在蜂窝状晶格中的一类新的二维"芳香"碳原子单层，室温下电子迁移率极高，有高度的灵活性和可拉伸性。同时，石墨烯的合成方法多样，可用于大规模制造，且成本低。

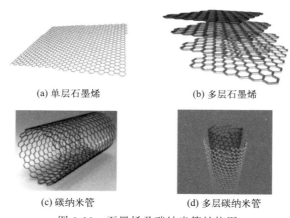

(a) 单层石墨烯　　　　　　　(b) 多层石墨烯

(c) 碳纳米管　　　　　　　(d) 多层碳纳米管

图 9-19　石墨烯及碳纳米管结构图

碳纳米管和石墨烯等碳材料除了用于传感层材料外，也是电极的常用材料。不过单纯使用碳材料作为电极材料制备的柔性传感器灵敏度低且应力应变曲线非线性，因此常与金属材料混合使用，使各自的导电性和力学性能得到互补。为了对比鲜明，表 9-3 对金属材料和碳材料的优缺点进行了总结。

表 9-3　导电材料优缺点比较

分类	名称	优点	缺点
金属	—	导电性极佳、化学稳定性好、耐腐蚀性好	易氧化、难加工
碳材料	石墨烯	电性能优良、成本低	难以形成链状聚集体
	碳纳米管	电性能优良、比表面积大	制备复杂、成本高
	炭黑	成本低、制备容易、多样性	易团聚

（3）导电高分子材料/导电聚合物

高分子材料除了作柔性基底材料，如上节提到的 PDMS、PU、PI 之外，还可以用于传感层材料。有机半导体材料是应用较多的高分子材料，这得益于 1977 年 Heeger 发现的导电聚合物使有机半导体从此进入人们的视线，成了传感领域的新兴材料。有机半导体可以形成有序的晶体结构，作为有机场效应晶体管的半导体层，在外部刺激下使载流子迁移率改变。最典型的有机半导体材料为聚吡咯、聚苯胺（PANI）和聚噻吩。

高分子材料虽然电导率较之金属而言低很多，但因其自身柔顺性好的优势，可以与基底材料进行完美匹配从而兼容性极佳，因此也可用作电极材料。常用作电极材料的导电高分子材料包括聚（3,4-亚乙二氧基噻吩）（PEDOT）等。

（4）复合材料

复合材料用于传感器的传感层材料时，传感性能取决于填充材料本身的物理化学性质，常用的填充材料为石墨烯、碳纳米管等碳材料，基于此制成的柔性传感器往往有较高的灵敏度和响应能力。

复合材料用作电极时首先需要具备极高的电导率，其次还应具备通过不同加工工艺制成不同形状的能力，甚至是透光性等其他条件。

（5）无机半导体材料

除上述几种材料外，无机半导体材料也可作为功能材料应用于柔性传感器。以 ZnO 和 ZnS 为代表的无机半导体材料具有优良的压电特性、形状可变性以及高品质，在柔性传感领域具有广泛的应用前景，也成为该领域一个新的研究方向。

9.4　柔性传感器制备工艺

当传感器各部分的材料确定之后，接下来需要考虑的问题就是柔性传感器的制备工艺。柔性传感器的制备过程总体上分为三个部分，包括柔性基底的制备、传感单元的制备和电极的制备。柔性传感器的制备工艺根据传感层、柔性基底以及电极材料选择的不同，产生了很多制备工艺，其中较为常见的工艺有光刻工艺、表面沉积技术以及印刷工艺。

9.4.1 光刻工艺

光刻技术就是利用光刻胶在电磁波照射下发生的物理或化学性质的变化（例如材料溶解性的增加或降低）来进行微加工的技术。

这种加工方法于 1993 年由美国 Harvard 大学的 Whitesides 研究小组首先发现的，是涉及传统光刻、有机分子（例如硫醇和硅氧烷等）自组装、电化学、聚合物科学等领域的一类综合性技术的统称。软光刻工艺主要特征是采用PDMS 制成的表面具有微观图案的印章或模具来进行微观结构的复制，与传统的光刻技术相比，PDMS 模具的制备比较容易，而且成本低。图 9-20 展示了软光刻工艺的流程。

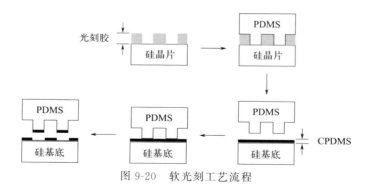

图 9-20　软光刻工艺流程

9.4.2 表面沉积技术

（1）化学气相沉积

化学气相沉积是一种化工技术，该技术主要是利用含有薄膜元素的一种或几种气相化合物或单质，在衬底表面上进行化学反应生成薄膜的方法。化学气相沉积技术是应用气态物质在固体上产生化学反应和传输反应等并产生固态沉积物的一种工艺，它大致包含三步：①形成挥发性物质；②把上述物质转移至沉积区域；③在固体上产生化学反应并产生固态物质。

（2）磁控溅射

磁控溅射是物理气相沉积方法中的一种。其基本原理是利用氩气和氧气混合气体中的等离子体在电场和交变磁场的作用下，被加速的高能粒子轰击靶材表面，能量交换后靶材表面的原子脱离原晶格而逸出，转移到基体表面成膜。磁控溅射的特点是设备简单、易于控制、成膜速率高、基片温度低、镀膜面积大、附着力强、环保等。市场上此种方法主要用来制备孕妇的抗辐射功能面料、高档抗菌（镀银）面料。

两种方法如图 9-21 所示。

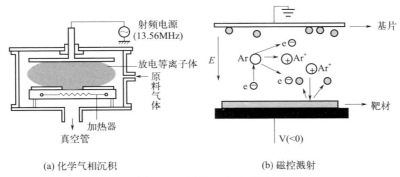

(a) 化学气相沉积   (b) 磁控溅射

图 9-21　两种工艺示意图

9.4.3　印刷工艺

在传统上，柔性传感器等可穿戴电子设备主要通过光刻工艺、表面沉积技术和化学镀膜工艺来制造。然而这些方法都有一定的弊端，包括制备过程复杂、所需设备成本高以及易产生对环境不利的废弃物等。因此需要一种高效、节约成本和环保的方式来制造柔性传感器件，印刷工艺便是其中的一种。不同印刷工艺的参数对比见表 9-4。

表 9-4　不同印刷工艺参数对比

印刷工艺	图案载体	膜厚 /μm	印刷速度 /(m/min)	分辨率 /μm	黏度 /(Pa·s)
丝网印刷	印模板	3～60	0.6～100	30	0.5～60
喷墨打印	数字	0.01～0.5	0.02～5	20	0.001～0.1
柔性版印刷	聚合物	0.17～8	5～180	15	0.01～0.8
凹版印刷	雕刻凹版	0.02～12	8～100	15	0.01～1.1

印刷工艺主要有丝网印刷、喷墨打印、柔性版印刷和凹版印刷四种。印刷工艺可以分为冲击印刷和非冲击印刷两大类，冲击印刷是指油墨通过物理接触从图案化结构的表面转移到基底上，而非冲击印刷中油墨是以数字方式转移到

基底，不需要任何信息载体。丝网印刷、柔性版印刷和凹版印刷属于冲击印刷，喷墨打印属于非冲击印刷。本节对其中应用较多的丝网印刷和喷墨打印进行概述，最后对和喷墨打印相似的喷涂工艺进行介绍。

（1）丝网印刷

丝网印刷每一层的几何图案由专门的物理丝网来定义，用到的工具有刮板、模板和丝网。在印刷过程中通过刮板的挤压，使油墨在所需图形区域透过网孔至基底表面，而非图案部分则不允许油墨通过（如图9-22所示）。因此，这种印刷过程也被称为推进印刷。丝网印刷的印刷质量主要取决于丝网直径、乳剂厚度、丝网偏转角等参数。丝网印刷能够以较低的成本来制造柔性设备，广泛应用于电子工业、玻璃塑料制品以及服装领域等。

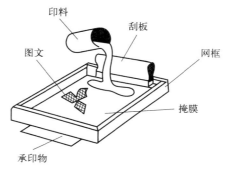

图 9-22　丝网印刷示意图

丝网印刷具有以下特点：①不受基底材料尺寸及形状限制；②适用油墨类型多；③耐光好，印刷灵活。不过该种印刷方式仍然存在一些问题：丝网印刷提供了较高的湿膜厚度，如果固化不及时会导致油墨扩散，从而降低分辨率。

（2）喷墨打印

喷墨打印不需要丝网［如图9-23（a）所示］，只需在电脑里定义每层的图形特征便可以完成打印设计，无须光刻或者刻蚀过程就能直接图案化。在这种方法中，不同形态的材料能够快速、精准地在各种基体上形成导线，用于喷墨打印的材料有导体、半导体和电介质。在喷墨打印中，油墨处于低黏度的液态，喷墨质量受喷头温度、喷孔直径、喷墨频率等参数的影响。

喷墨打印凭借低成本、可设计性强的数字图案和低材料消耗的特点，广泛运用于制造电子器件。在进行喷墨印刷时应主要考虑以下几点：使用无毒、可溶性强和化学性质稳定的油墨；数字图形的设计应力求均匀性和高分辨率；用于喷墨打印的器件在设计时应注意防止开裂和滑动。喷墨打印同样存在一些待解决的问题，比如在打印过程中由于溶剂的蒸发和活性颗粒的聚集，喷嘴往往会发生堵塞，生产效率较低等。

(3) 喷涂工艺

喷涂工艺类似于喷墨打印技术［如图 9-23(b) 所示］，是基于物料的雾化处理设计的一种方便、快捷且有序的制造方法。将碳纳米管的乙醇分散液加入液体气溶胶发生器中，通入压缩气体之后形成雾化的碳纳米管粉末，经过管道输送到喷管前端。其中无水乙醇作为有机溶剂，进行超声波分散数小时，能与碳纳米管形成高分散的溶液，在室温或加热条件下溶剂容易挥发。结合计算机辅助设计技术，针对不同图案设置不同喷涂路径和喷涂速率，喷嘴和硅胶基层被放置在三维运动平台上精确控制相对运动，使传感层实现定量喷涂、标准化制造。喷涂作业与旋涂法或涂覆方法相比，涂料利用率高，具有一定优势。

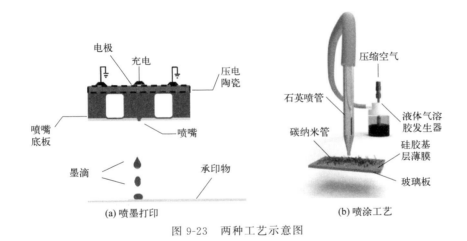

(a) 喷墨打印　　　　　　　　(b) 喷涂工艺

图 9-23　两种工艺示意图

9.5　柔性传感器的典型应用

材料技术和制造技术是柔性传感技术的关键所在，随着导电聚合物的出现、软光刻技术的兴起，柔性电子器件进入了快速发展阶段。由于制备过程采用的制备材料、结构设计及制备方法不同，传感器本身的灵敏度、检测范围也各有差异，因此决定了不同传感器具有独特的应用场所。

目前，柔性应变传感器在软体机器人、健康监测、虚拟现实与人机交互等领域中展现了出色的应用价值。

9.5.1　软体机器人

为机器人提供多种感官感知是一项远大的技术目标，旨在赋予自主主体更好的能力，使其能够在动态人类环境中进行更好的交互和合作。在这方面，产生了各种可实现检测功能的电子皮肤，例如图 9-24（a）所示的能够同时执行压力和温度感测的皮肤以及图 9-24（b）所示的能够进行温度感测的皮肤。

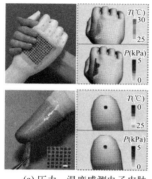
(a) 压力、温度感测电子皮肤

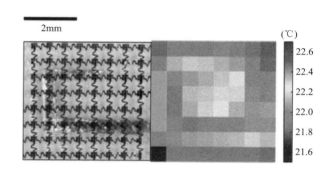
(b) 温度感测电子皮肤

图 9-24　两种电子皮肤

柔软和可变形的机器人可以安全地与人互动。同时，柔性和可拉伸的传感器在涉及大应变的弯曲结构的顺应性方面，也完全符合生物学启发的软体机器人的苛刻要求，例如图 9-25 所示的几种仿生软体机器人。总而言之，柔性传感器的最新进展能赋予机器人多模式传感功能，这使它们可以更好地与结构化和非结构化环境进行交互。

(a) 章鱼

(b) 壁虎

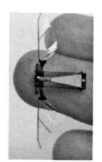
(c) 飞蛾

图 9-25　几种仿生软体机器人

9.5.2　健康监测

如图 9-26 所示，一块电子皮肤采集到的脉冲波形清晰地记录了数十个腕部脉搏的变化，在这每个脉冲周期内得到的脉压波形图上，有三个清晰可分辨的波峰，显现了柔性精密传感技术在医学心脏健康诊断上的潜在应用。

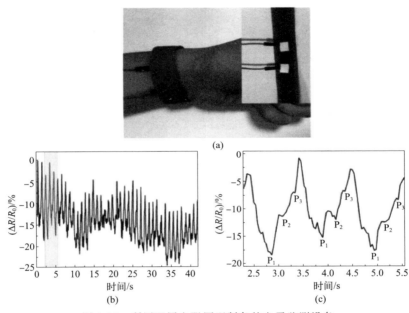

图 9-26　利用双层电阻原理制备的电子监测设备

同样基于微小的皮肤运动，利用定比示波法，将柔性应变传感器整合到血压检测的袖带中（图 9-27）。根据经验值计算得到收缩压和舒张压，和商用仪器的检测数值对比，血压测量值接近真实数据。

图 9-28 所示为基于电子学的灵活的表皮生物微流控柔性传感器，可以实

图 9-27　一种可以测血压的柔性传感器

现连续血糖监测，克服了目前可穿戴设备测量不可靠的缺点，满足了糖尿病的临床诊断和治疗需求。为了解决检测不可靠的问题，提出了热活化方法、精确的原位葡萄糖测量方法以及一种差分校正方法来保证测量的准确性。

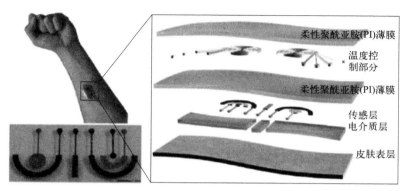

图 9-28　表皮生物微流控柔性传感器

9.5.3　虚拟现实与人机交互

可穿戴运动检测设备作为输入设备在虚拟现实和人机交互类活动中起着至关重要的作用，柔性应变传感器因其重量轻、体积小、较高的柔韧性对人体运动几乎不产生限制，在可穿戴设备中具有更高的应用前景。图 9-29 所示为能够区分触碰和压力作用的特殊结构电容式传感器，将 4×4 阵列的触摸压力传感器贴附在前臂上，实验中自制的玩具小车在柔性传感器的控制下能向不同方向移动。这展示了柔性传感作为无线控制输入设备的可行性。

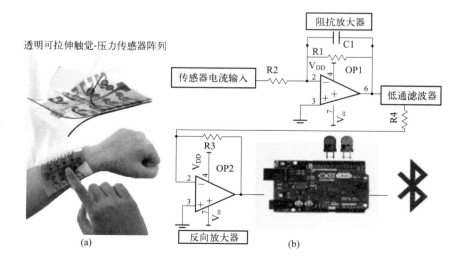

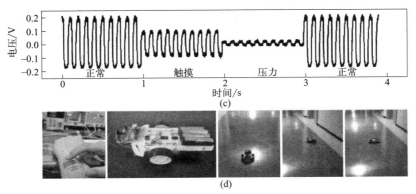

图 9-29   柔性应变传感器用于远程控制

此外，智能手套是人机交互的另一个重要应用。Zhang 等人制备了一种基于多壁 CNT 的微结构传感器。将该传感器安装在手指上，以在抓握具有不同重量的物体时检测触觉力和伸展程度或弯曲物体 ［图 9-30(a)］。他们提出了一

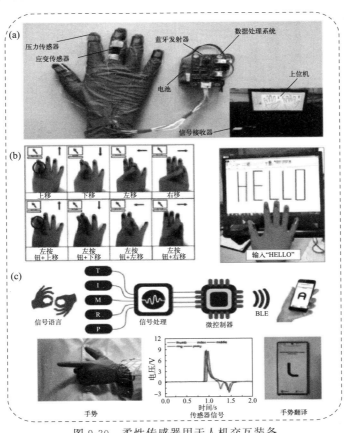

图 9-30   柔性传感器用于人机交互装备

种由传感器、电池、蓝牙发射器、数据处理系统、计算机等组成的传感系统，检测到的结果通过无线传输显示在计算机屏幕上。图 9-30（b）显示了一个单芯片计算机系统，在五个手套手指上连接了五个微结构传感器，以替代鼠标的功能。当拇指上的传感器的电容保持稳定时，按下其他手指会导致光标移动。根据此功能，研究人员通过组合不同的手势将"HELLO"输入计算机。类似的，图 9-30（c）展示了一个带有五个自供电摩擦柔性传感器的智能手套，一个带有低功耗蓝牙单元的微控制器单元以及智能手机应用程序。不同的手势代表不同的字母，因此可用于识别手语并将其转换为语音和文本输出。此外，为了分析该智能手套的稳定性，对与"HELLO"相对应的手势进行了多次测试，结果表明传感器性能良好。这些研究表明，微结构传感器可以很好地用于人机交互。

参 考 文 献

［1］ 李凤超，孔振，吴锦华，等．柔性压阻式压力传感器的研究进展［J］．物理学报，2021，70（10）：7-24.

［2］ Park Y L，Chen B R，Wood R J. Design and Fabrication of Soft Artificial Skin Using Embedded Microchannels and Liquid Conductors［J］. IEEE Sensors，2012，12（8）：2711-2718.

［3］ Cai L，Song L，Luan P S，et al. Super-stretchable，Transparent Carbon Nanotube-Based Capacitive Strain Sensors for Human Motion Detection［J］. Scientific reports，2013，3（1）：1-9.

［4］ Wu J M，Chen C Y，Zhang Y，et al. Ultrahigh Sensitive Piezotronic Strain Sensors Based on a $ZnSnO_3$ Nanowire/Microwire［J］. ACS Nano，2012，6（5）：4369-4374.

［5］ Tian H，Shu Y，Wang X F，et al. A Graphene-Based Resistive Pressure Sensor with Record-High Sensitivity in a Wide Pressure Range［J］. Scientific reports，2015，5（1）：8603.

［6］ Shi R L，Lou Z，Chen S，et al. Flexible and transparent capacitive pressure sensor with patterned microstructured composite rubber dielectric for wearable touch keyboard application［J］. Sci. China Mater，2018，61（12）：1587-1595.

［7］ Cheng W，Yu L W，Kong D S，et al. Fast-Response and Low-Hysteresis Flexible Pressure Sensor Based on Silicon Nanowires［J］. IEEE Electron Device Letters，2018，39（7）：1069-1072.

［8］ Mattana G，Kinkeldei T，Leuenberger D，et al. Woven Temperature and Humidity Sensors on Flexible Plastic Substrates for E-Textile Applications［J］. IEEE Sensors Journal，2013，13（10）：3901-3909.

［9］ Hong S Y，Lee Y H，Park H，et al. Stretchable Active Matrix Temperature Sensor Array of Polyaniline Nanofibers for Electronic Skin［J］. Advanced Materials，2016，28（5）：930-935.

［10］ Li H Q，Yang H J，Li E B，et al. Wearable sensors in intelligent clothing for measuring human body temperature based on optical fiber Bragg grating［J］. Optics Express，2012，20（11）：11740-11752.

［11］ Kim J W，Porte Y，Ko K Y，et al. Micropatternable Double-Faced ZnO Nanoflowers for Flexible Gas Sensor［J］. ACS Applied Materials & Interfaces，2017，9（38）：32876-32886.

［12］ Chou J C，Chen H Y，Liao Y H，et al. Sensing Characteristic of Arrayed Flexible Indium Gallium Zinc Oxide Lactate Biosensor Modified by GO and Magnetic Beads［J］. IEEE Trans actions on. Nanotechnology，2017，17（1）：147-153.

［13］ Kim J，Salvatore G A，Araki H，et al. Battery-free，stretchable optoelectronic systems for wireless optical characterization of the skin［J］. Science Advances，2016，2（8）：e1600418.

［14］ Costa J C，Spina F，Lugoda P，et al. Flexible Sensors—From Materials to Applications［J］. Technologies，2019，7（2）：35.

［15］ 张劲杰. 一种功能性柔性传感器的研究［D］. 太原：中北大学，2019.

［16］ 徐天白. 柔性传感器件材料表征、结构设计以及系统应用［D］. 杭州：浙江大学，2017.

［17］ Cai Y C，Shen J，Ge G，et al. Stretchable $Ti_3C_2T_x$ MXene/Carbon Nanotube Composite Based Strain Sensor with Ultrahigh Sensitivity and Tunable Sensing Range［J］. ACS Nano，2018，12（1）：56-62.

［18］ Huang T，He P，Wang R R，et al. Porous Fibers Composed of Polymer Nanoball Decorated Graphene for Wearable and Highly Sensitive Strain Sensors［J］. Advanced Functional Materials，2019，29（45）：1903732.

［19］ Yang Z，Pang Y，Han X L，et al. Graphene Textile Strain Sensor with Negative Resistance Variation for Human Motion Detection［J］. ACS Nano，2018，12（9）：9134-9141.

［20］ 李垚垚. 柔性导电材料的制备与应用研究［D］. 深圳：深圳大学，2018.

［21］ 鲁元. 基于 PDMS/SCF/CNT 的柔性压阻式传感器的研究［D］. 北京：北京化工大学，2020.

［22］ Chiang C K，Fincher Jr C R，Park Y W，et al. Electrical conductivity in doped polyacetylene［J］. Physical review letters，1997，39（17）：7493-7527.

［23］ Han C J，Chiang H P，Cheng Y C. Using Micro-Molding and Stamping to Fabricate Conductive Polydimethylsiloxane-Based Flexible High-Sensitivity Strain Gauges［J］. Sensors，2018，18（2）：618.

［24］ 马飞祥，丁晨，凌忠文，等. 导电织物制备方法及应用研究进展［J］. 材料导报，2020，34（01）：1114-1125.

［25］ Gao M，Li L H，Song Y L. Inkjet printing wearable electronic devices［J］. Journal of Materials Chemistry C，2017，5（12）：2971-2993.

［26］ 崔铮. 印刷电子学——材料、技术及其应用［M］. 北京：高等教育出版社，2012.

［27］ Izdebska J，Thomas S. Printing on Polymers：Fundamentals and Applications［M］. Norwich：William Andrew，2015.

［28］ Hu G H，Kang J，Ng L W T，et al. Functional inks and printing of two-dimensional materials［J］. Chemical Society Reviews，2018，47（9）：3265-3300.

［29］ Torah R，Wei Y，Grabham N，et al. Enabling platform technology for smart fabric design and printing［J］. Journal of Engineered Fibers and Fabrics，2019，14：1558925019845903.

［30］ Maddipatla D，Narakathu B B，Atashbar M. Recent Progress in Manufacturing Techniques of Printed and Flexible Sensors：A Review［J］. Biosensors，10（12）：199.

［31］ 蔡亚果 . 纳米银材料的制备及其在柔性印刷电子中的应用［D］. 上海：华东师范大学，2019.

［32］ Shirakawa H，Louis E J，Macdiarmid A G，et al. Synthesis of electrically conducting organic polymers：halogen derivatives of polyacetylene，（CH）$_x$［J］. Journal of the Chemical Society，Chemical Communications，1977，16（16）：578-580.

［33］ Xia Y N，Whitesides G M . Soft lithography［J］. Encyclopedia of Nanotechnology，2003，37（28）：153-184.

［34］ Rus D，Tolley M T. Design，fabrication and control of soft robots［J］. Nature，2015，521（7553）：467-475.

［35］ Kim S，Laschi C，Trimmer B. Soft robotics：A bioinspired evolution in robotics［J］. Trends in Biotechnology，2013，31（5）：287-294.

［36］ Mu C H，Song Y Q，Huang W T，et al. Flexible Normal-Tangential Force Sensor with Opposite Resistance Responding for Highly Sensitive Artificial Skin［J］. Advanced Functional Materials，2018，28（18）：1707503. 1-1707503. 9.

［37］ Chu Y，Zhong J W，Liu H L，et al. Human Pulse Diagnosis for Medical Assessments Using a Wearable Piezoelectret Sensing System［J］. Advanced Functional Materials，2018，28（40）：1803413. 1-1803413. 10.

［38］ Pu Z H，Zhang X G，Yu H X，et al. A thermal activated and differential self-calibrated flexible epidermal biomicrofluidic device for wearable accurate blood glucose monitoring［J］. Science Advances，2021，7（5）：eabd0199.

［39］ Hwang B U，Zabeeb A，Trung T Q，et al. A transparent stretchable sensor for distinguishable detection of touch and pressure by capacitive and piezoresistive signal transduction［J］. NPG Asia Materials，2019，11（1）：23.

［40］ Wang X L，Xia Z D，Zhao C，et al. Microstructured flexible capacitive sensor with high sensitivity based on carbon fiber-filled conductive silicon rubber［J］. Sensors and Actuators A：Physical，2020，312：112147.